钦州陶器

黄剑 著

哈尔滨工业大学出版社

图书在版编目(CIP)数据

钦州陶器 / 黄剑著.— 哈尔滨:哈尔滨工业大学
出版社,2022.5
ISBN 978-7-5603-9875-4

Ⅰ.①钦… Ⅱ.①黄… Ⅲ.①陶瓷-生产工艺-研究
-钦州 Ⅳ.①TQ174.6

中国版本图书馆CIP数据核字(2021)第266045号

HITPYWGZS@163.COM
艳|文|工|作|室 13936171227

钦州陶器
QINZHOU TAOQI

策划编辑　李艳文　范业婷
责任编辑　付中英
装帧设计　屈　佳
出版发行　哈尔滨工业大学出版社
社　　址　哈尔滨市南岗区复华四道街10号　邮编150006
传　　真　0451-86414749
网　　址　http://hitpress.hit.edu.cn
印　　刷　哈尔滨市石桥印务有限公司
开　　本　889毫米×1194毫米　1/16　印张24.25　字数323千字
版　　次　2022年5月第1版　2022年5月第1次印刷
书　　号　ISBN 978-7-5603-9875-4
定　　价　380.00元

(如因印装质量问题影响阅读,我社负责调换)

黄剑（字剑州），号陶痴，男，汉族，中共党员，1973年生，南宁人。

正高级工艺美术师

广西工艺美术大师

高级技师

全国陶瓷行业技术能手

广西五一劳动奖章获得者

广西技术能手

南宁工匠

广西文艺最高奖"铜鼓奖"获得者

南宁市工艺美术协会副会长

南宁学院特聘教授

广西职业技术学院技能大师特聘教授

南宁市D类高层次人才

一直从事工艺美术领域的教学、科研及创作工作，以南宁陶、钦州坭兴陶设计及制作见长。长期以来致力于广西陶瓷制作、非遗技艺的传承与创新工作。以第一作者创作的坭兴陶茶器作品先后获得全国白鹤金鼎奖、百花杯、金凤凰奖等国家级展览金奖15项、广西大师精品工程金奖4项，入选由广西区政府主办的广西工艺美术作品展览6次；两次获得广西大师精品创作优秀作品奖；获得新型实用专利授权1项、外观设计专利授权18项等。担任广西工艺美术系列专家库评委，南宁市工艺美术系列职称专家库评委等。

"钦州桥畔紫烟腾，巧匠陶瓶写墨鹰。无尽瓷坭无尽艺，成功何止似宜兴。"这首诗是田汉先生于1962年参观钦州坭兴陶工艺厂后所作，充满了对坭兴陶的盛赞和期许。

1962年，距钦州坭兴陶重建已9年。君可知重建之前，坭兴陶是何种状况？重建之后，一个甲子过去了，坭兴陶发展又待如何？厘清一个产业的文化脉络，洞见历史发展走向，挖掘、探索、拓展坭兴陶文化属性，将有助于坭兴陶这项国家级非物质文化遗产的传承和弘扬。

文化遗产的研究，一般需要从历史文献记录和历史遗存入手，去解决从何而来、如何走向复兴等问题。

坭兴陶跻身中国四大名陶，却又独树一帜于南疆，其历史文化积淀有着特殊的跌宕起伏，历史脉络远谈不上清晰完整。从现有的研究看，典籍资料中的文字记录十分稀少，加之经历战争洗礼，产业曾被摧毁殆尽，传承人丁凋零，更有过十几年的历史断层，无法像其他名陶那样去还原人传师承的历史。所幸坭兴陶在清代晚期至民国年间有过数十年的高光时刻，制作了大量的老陶器，堪为后世研究提供坚实基础。

对于坭兴陶的老陶器，尤其是晚清和民国期间的器物，大众都十分陌生，知之者甚少。目前已经发现的老陶器存世量虽有四五千件之多，却高度集中在一些藏家手里，藏在深闺人未识，影响范围极为有限，以至于公众难以望其庐山真面目。

坭兴陶，可谓是中国陶瓷史上的一朵奇葩，它与宜兴紫砂有着深厚的历史文化渊源，在学习紫砂、模仿紫砂的过程中，又演化出自己独有的特色，走出了与紫砂不同的美学路线，并在民国时期达到工艺美术的巅峰——其薄胎手拉坯技术和高浮雕技术冠绝于世，尤其是薄胎手拉一次快速成型工艺，至今未能绝技重现。它文气盎然，雅俗共赏，颇得当时文人雅士、达官贵人的青睐，定制送礼蔚然成风，物迹遍布中国南部，名扬海内外，寄托承载了无数人文情怀乃至乡愁祈愿。

如今欣逢太平盛世，国家富强，坭兴陶受到了前所未有的重视，并形成新兴的产业。但在这快速嬗变之下，文化自信却未能跟上产业发展步伐。究其原因，一方面在于对坭兴陶历史认知的欠缺和偏隘，以至于现在的工艺远不及民国巅峰时期，甚至于在老坭兴陶器中曾经广泛应用的传统填泥工艺和双刀雕刻工艺，在如今业界内竟然会者寥寥；另一方面，大路货充斥市场，人文气息式微，更遑论艺术造诣。因此，要振兴坭兴陶产业，除了从人才、产业、市场等方面入手外，还需要从历史认知和文化输出着手，只有更透彻了解过去与传统，才能更好地继承和发展。以文化复兴增强文化自信，挖掘坭兴陶的历史文化底蕴，给予新的文化赋能，才能升华坭兴陶有别于其他名陶的特色和价值。

要想解决坭兴陶历史文化认知薄弱这个问题，可以通过对众多老坭兴陶藏品的研究，分析总结坭兴陶传统的工艺美术特点，再结合已有文献记载和其他学者的研究成果，形成一套完整成熟的坭兴陶历史脉络发展理论和方法，并应用于指导新时期的陶艺创作实践。

为此笔者花费多年时间，付出了大量心血和劳动。通过对坭兴陶大藏家所收藏的精品老陶器进行拍摄，归纳分类，对藏品进行深度的历史、文化、工艺解读，再结合现有的历史文献相互印证，在研究过程中获得了丰富的灵感与经验，用于指导陶艺创作和工艺创新实践，归纳总结出具有推广应用价值的理论体系，进而探索现代坭兴陶产业乃至艺术发展的思路，汇编集结出版。希望通过此书，抛砖引玉，与诸君分享、鉴赏精美绝伦的坭兴陶老陶器，以物知史，以古鉴今，与志同道合者共襄坭兴陶盛举。无尽瓷坭无尽艺，愿坭兴陶这朵南疆奇葩，在无尽窑火中变幻出无尽神彩。

编者

2022年2月

目录

contents

目录
contents

钦州陶器

第一章

坭兴陶历史沿革

钦
州
陶器

一、钦州陶器概述

钦州陶器主要是指广西钦州地区烧制的本土陶器，根据陶器在质量上的差异分为粗陶和细陶（又称精陶）。钦州坭兴陶有广义和狭义之分，广义是指广西钦州烧制的各类陶器；狭义是指清末烧制的优质坭兴陶器。粗陶与细陶在文化艺术特征、生产工艺、器物功能等方面存在很大差异，却有着密不可分的演变和共生关系。

清末咸丰年间开始，钦州窑口在练泥、制作技术、工艺等方面得到了突飞猛进的发展。晚清时广东省通商口岸发达(清代钦州属广东省辖区)，南下文人密聚，文人的参与使得钦州窑迎来了空前的发展机遇，出现了大量质地玉润、刻绘题材文气浓郁和雕刻工艺精细的产品，成为当时达官贵人、士大夫争相订购藏玩和馈赠的商品，并远销世界各地。

钦州坭兴陶是中国传统陶艺舞台上的一朵奇葩，坭兴陶古称越陶，又称古安陶、宜兴紫陶，是钦州陶艺人采用本地钦江东西两岸独特的陶土，学习了紫砂泥料的炼制工艺，创造出来的杰出陶艺，不仅工艺精湛，其"窑变"现象也堪称一绝，与其他陶瓷釉色变化截然不同，无须添加任何釉料，烧成后呈现斑斓绚丽的色彩和纹理。钦州坭兴陶和宜兴陶器都产自具有悠久陶瓷制作传统的省份。广东省和江苏省由于河川运河穿梭其间，交通运输方便，带来了文化艺术的频繁交流。地缘文化的差异是宜兴位于文化重镇江南，而钦州则是华南边陲重镇，但明显钦州陶工对宜兴陶器有一定的认知和借鉴。钦州与广州相距不太远，可能是熟悉宜兴陶器的广州商人发现本地产品与宜兴陶器有相似之处，因而鼓励钦州陶工制作类似器物，以求在外销市场上占有一席之地。

据明清文献记载，自16世纪开始，宜兴陶器已享有盛誉，但钦州陶器却鲜为人知，并未成为当时民间鉴藏对象。部分收藏家认为钦州陶器外观光滑，过于媚俗，更欣赏宜兴陶器暗哑沉稳的色泽。此外，与宜兴陶器有别的，是文献中极少有关于钦州窑及陶器的记载。吴仁敬《中国陶瓷史》（上海，1936年）中提到，钦州陶器是广东生产的一种陶器品种。景德镇陶瓷研究所编的《中国的瓷器》（香港，1975年）则将钦州窑列为清代窑厂之一。迄今有关钦州陶器的专文只有两篇：一篇是钱晨和邓敦伟写的《巧匠陶瓶写墨鹰——广西钦州坭兴陶器》，刊于《中国工艺美术》1983年第1期；另一篇是平友舜《试论坭兴陶的历史沿革和艺术特点》，刊于1988年《南京艺术学院学报（美术与设计版）》。两文均采用了"坭兴"一词来描述钦州陶器，并认为钦州陶器制作始于清代咸丰年间（1851—1861年）。钦州陶器作为小型家庭手作工业，主要生产鸦片烟具，尤其是鸦片烟枪上的烟斗，因为钦州陶泥坚净耐热，因此宜于制作此类器皿。其后或由于禁烟缘故，陶工开始制作其他器物如茗具、食具、瓶、香炉、蟋蟀罐和文房用品如笔筒、水注、笔洗等。

紫泥器，虽非殊珍，然亦清赏品也。名窗净几，点缀一二，颇觉雅趣足玩，故一般馈赠，咸乐购之，紫泥陶业，因是繁兴。

同业世袭，藉于钦县城东之宜兴街（土名坭兴街），望衡对宇，有二十余家，如广益、新悦兴、吉利、利贞、真裕、真记等，其萃者也。但皆家庭工业，家人妇子间，所谓执技合力，业在其中，钦县附近多陶泥，泥分赤白两种，赤泥中又分"东泥""西泥"两种，东泥产于双角岭（钦县东八里）之止水田中，性软色淡赤，如搓糯酥，单独燔烧，则易骅坏，且不耐火，故须混和陶之。西泥产于潭头村（钦县西八里）之"渔翁撒网山"，山泥燥刚，故性硬，色黯赤，单独燔烧，亦易龟拆，故须东西泥混和陶之。通常陶业，以东泥二份，西泥一份，相混用者为多，东西泥各半对混者亦有，因视器之大小为定，如制修瓶巨甓，恐软，则以对混为佳也。

制泥法先将"东泥""西泥"分别粉碎，然后以大斗量数，混而和之，投巨缸中，满注水，浮其芥屑，用木棒旋搅之，泪泪然如豚涸之泥；移时，沙石下沉，则以瓢取，移诸别缸，缸设滤筛，滤后静置一日，则沉下凝淀，去其浸面清水，恰成泥糊，随用"二四扣布"袋（幅一尺、长一尺四寸）囊泥满之，缀袋口以干阶砖上下压载，而收吸其泥浆，阶砖水涵，则替出另晒，如是者数易，则囊泥渐次块结，如淡赭糕，取出阴干之，呈黄肉色，制泥于是完成。

东泥乃向地主购买，每担一千钱，挑来交纳，得六十觔，干晒后，实得五十觔，双角岭地主姓王，全族分四房，掘泥、挑泥、卖泥，乃王族昆季世业，潭头村山地，本属有荒地，可以随意发掘，穷民挖荷来卖者多，价仅半，每担值五百钱。但山泥燥刚，晒不轻减，不至六十觔向弱，为稍强耳。然每担六十觔泥中，实得六成净泥，中杂四成沙石也。

第二种泥曰白泥，白泥色洁白，宜于嵌花，或制白泥陶，产于龙巩塘之土田，业主现归浑名"鸡蛋黄"者，一人包承，雇土工掘出来卖，每担亦六十觔，照潭头价，卖钱五百，粗泥更廉。盖白泥原有粗细两种，其粗者卖给烧红瓦，细者卖作宜兴陶。第白泥软硬咸宜，亦无龟拆骅坏之弊，故可"单用"亦可"混用"，其制泥法，亦照前述东西泥同一手续，水淘筛滤，囊括而阴干之，钦县陶泥，只此赤白两种。

至于花泥，乃赤白泥相混捏成，黄色与青，乃由火力变化，火力少则黄，火力足则青，其他变色，则以玻璃粉末及铜，掺入加减为之，此乃该行秘密，传子不传女，故百般究诘，莫得要领。计宜兴陶之变化色彩，分朱、赭、蓝、白、灰、黑、黄、鸭头绿、古铜九种。计宜兴陶之变化纹彩，则有"半截色""浓淡兼""缬斑""洒灰""云缕"数种。"上蜡"者，一种显亮剂，"不上蜡"与"上蜡"即言黯亮之分，打磨刮刷，烧后随意为之，故能常保美观。虽然，宜兴陶，其巧致远逊于江西各瓷，第其茗碗、花瓶、笔筒、香鼎，古雅有可取者也。

至其制造方法，陶业店虽似一手包揽，惟操业区分"六行头"：一曰车胚行，二曰打磨行，三曰光滑行，四曰画花行，五曰雕刻行，六曰烧窑行。此六行头，缺一不成。而对于陶业店则处于各个特立地位，名义上虽互相依倚，事实上则互相挟制，并致陶业萎缩，商况大难，此东西家不能协调，我国商工，往往犯此毛病。

第一车胚行者，古之所谓钧陶工，汉书董仲舒传，言泥之在钧，惟甄者之所为，即指车胚言也。"钧"即车也，其车平旋，如上海赌窟之轮盘焉。竹织，圆窝形，周三尺八寸，径二尺二寸，实泥其中而镇重之，故为"钧"，下嵌㧜环，关轴以利回转，上有木墩子，如帽形，"车胚工"坐于"钧"旁，撮湿泥如馒头按墩子上，执尖扙刺钧棱孔，撑带而旋转之，若擂麻糊"钧"逐力回，如独乐之起强绕者，急释杖，濡湿两手约墩子上泥，使随绕力而甄之极圆，探指以空其中，握杆以平其底，"钧"力向惰，则以一足蹴转之，泥器成形，则以片篾刮脱之，由厚及薄，从低渐隆，于是壶碗瓶筒，皆恃十指之曲屈钩伸为范格，神乎技矣。车胚工，闻皆缸瓦窑拔萃工师，每个皆有十数年经验资格者也。工价本无定，每论器物之大小粗细为差，如大花瓶每个，须值五百钱，小花瓶值二百钱，茶壶普通六十钱，碗五十七钱，陶业店依价给纳，不得减欠分文，因行例既与工接头，则他工不得攘夺生意故也。第二打磨行，打磨者，接受车胚工甄出泥器，晒而干之。选出四百石，取次磨砻，以求器物美滑，通称"打磨四路工"，四路工分头路粗石，二路中石，三路幼石，四路光石，是也。所谓石者，水研砥也。粗、中、幼者，厉莹之别也，头三路属"打磨行"，末一路属"光滑行"，闻六行中以打磨行生活最难，以其水砺需时，又不得湿坏泥器，淬勉竟日，而成品有限，价复贱，是以生活之所以难也。

第三光滑行一称"上水光"行，释言之，细磨莹磨，以足打磨工之不逮耳。但其磨法皆干磨，与打磨工之湿磨，微有殊别。

第四画花行，画花兼写字题字，该行推范念堂、李泗达二匠为名手，惟皆古板不堪，鲜美术化，但较九江瓷碗之梅兰竹菊有"九代传家四季花"之句，为稍变通耳。闻画价，尺四花瓶，每个八百钱，乃至千钱，实比车胚行为价昂。

第五雕刻行，雕刻行乃陶业店自家为之，前述所谓家人妇子间，执技合力者也。雕法分三种，一曰"白花雕"（雕后以白泥填之故成白花），二曰"凹雕花"，三曰"凸雕花"，单凸雕中，又分"干雕""湿雕"，干雕不能嵌入细花，惟湿雕则可嵌入诸种花草云。

第六烧窑行，当紫泥陶业之最隆，盛期该业联合，曾独辟一窑，近以商况劫微，遂附托于钦县对河之瓦窑村代烧，其附托法，各家将所有泥器，稠叠于缸瓦甕内，弥其盖缝，安车以送于窑家，隔甕而藏烧之，其受火始可以与缸瓦相等。前十一二年，烧窑行之新定限制未颁以前，凡遇窑期，必先通知，俾各宜兴瓷业，可以预运其甕，择其火力匀处，堆叠停当，以待燔火，故泥器之损坏甚稀。今则不然，既无预告定期，复将所送甕缸，零乱堆积，弄至敧歪破损，无甕无之，而烧窑行又不负赔补责任，因是营业愈困顿；复以钦县地僻，交通阻长，远道轮蹄，不易贩致，而况海关出口紫泥器，原定每百觔征收小洋八毫，近改八角大洋，而税吏复索港纸，于是一喘残延之业，真无复活希望，同业相觌，空有频蹙，积习至此，真难设法可以再展一筹云云。

钦县宜兴紫泥陶业改良意见

宜兴紫泥陶业，大半属手工技术，熟极生巧，似无所谓改善也。然画工着色，与夫成器形样，宜带美术化，使不过于朴陋，而便推销。至东西泥混合分量，大都徒守旧法，不知分拆土质，以调剂其刚柔，变易其颜色。查陶业器具，以蟹青色为上品，老红次之，褐红最劣，不知同一泥质，掺加多少矿物品，亦可以变异其色，或湿度之高下，与烧陶时藉氧化还原之作用，而青红异色，试观红砖与青砖之殊色，而可知矣。该陶业中人，未明此理，制造时偶得蟹青陶器，即以为奇宝，岂知颜色表现，实有科学道理。又陶业工作分六行：曰车胚，曰打磨，曰光滑，曰画花，曰雕刻，曰烧窑。分工合作，以成其事，意至善也。讵该工商等，不能善用分工以收合作之利，反召分工牵制之害，此为我粤陶业进步之一大障碍。故政府宜将该行行规认真改组，使东西家互相协助，实收合作之精神，斯可以发展该业；否则彼此牵制，此方虽极力改良，而彼方有意破坏，利弊不明，从何改善，故希望陶业界急应实行自觉，或政府设法劝导，而后陶业之发达，庶有望焉！[①]

通过以上文字，人们可以了解到民国时期坭兴产业的规模、产业分工及现状，国民政府也十分重视产业发展，解决行业存在的问题，提出了产业改良意见。

与国内其他知名陶器相比，钦州坭兴陶因其造型丰富、窑变神奇、雕刻精美而成就了独特的外观；在装饰技法的运用上也是独树一帜，发展成为广西乃至全国的著名陶器。1953年，在北京举行的全国民间工艺美术展上，钦州坭兴陶、江苏宜兴陶、云南建水陶、（四川）重庆荣昌陶被中华人民共和国轻工

① 本文原载《广东建设月刊》第二卷第一期（工商专号），广东省建设厅刊印，中华民国廿二年（1933年）十一月三十日出版。

业部命名为"中国四大名陶"。

"坭兴陶"一词在历史上出现较晚，在民国钦县的记录中并没有相关记载。

在中外宜兴陶器收藏中，往往发现一些外貌和纹饰酷似宜兴陶器的器物，但它们却并非产自宜兴。大部分这类陶器其实是旧属广东，现属广西钦州的产物。

钦州毗邻钦江，位于钦州湾上游。钦州城在隋代开始建立，隋唐间称为宁越郡。钦州隶属钦县，后者名称屡次变更，先后称为安京、保安、安远及钦州府，民国期间则称为钦县。由于它的西面是越南，因此具有军事重要性。1965年，划归广西壮族自治区后改为钦州县。在存世钦州陶器上，仍可见一些陶工和陶艺师沿用钦州旧称，犹如宜兴陶艺师袭用宜兴古名"阳羡"一样，钦州陶艺师常用"钦城""宁越""古安州"等名称。间中亦可见"天涯亭"一词，而天涯亭则是钦州东门西面近河的一处名胜。

"坭兴陶"一词的由来有两种说法。一是与江苏宜兴紫砂陶的关系。"坭兴"是"宜兴"的钦州方言。因此，在民国钦县的记载中，没有"坭兴陶"一词，只有"宜兴各器"之说。在广东省的记载中，也有"钦县紫砂窑"的说法。钦州早期坭兴陶在外观和颜色上与江苏宜兴紫砂陶相似。由于二者相继成名，为方便起见，人们用"宜兴紫砂"来区别钦州坭兴陶。钦州坭兴陶与江苏宜兴紫砂陶有着明显的差异，主要表现在三个方面：第一，材料和质地不同，坭兴陶泥质细，宜兴紫砂陶材质粗硬；第二，工艺差异，坭兴陶生产中有抛光工艺，宜兴紫砂陶没有抛光工艺；第三，审美差异，坭兴陶独特的审美追求，使成品色彩丰富，宜兴紫砂陶则以单色为佳。从历史上看，宜兴紫砂陶对钦州坭兴陶的发展有深刻的影响。

另一种说法是，钦州人将当地陶器命名为"泥兴"，意思是"钦州泥器为世俗喜爱"或"泥壶兴用"。这表明钦州人把当地的泥土视为珍宝，可以发扬光大。至于"泥"为什么改成"坭"，主要原因是坭兴陶艺术家们认为"坭"比"泥"更优雅。随着时间的推移，"坭兴陶"这个固定名称在民间逐渐形成，并成为中国具有地方特色的陶器远销海外，享誉世界。

钦州陶器以含铁量高的褐红色泥制成。由于陶泥细腻，抚摸时会产生滑溜感觉，远观与宜兴陶器相似，实际并没有如宜兴紫砂陶那样呈紫色和具有沙质感。罗桂祥博士在其有关宜兴陶器的著作中指出，宜兴泥基本上是沙质，而钦州泥则是坚密光滑质地。钦州陶器有若干特点，以不上釉、高度磨光和镶填纹饰最令人瞩目。

与宜兴陶器一样，钦州陶器亦包括各种茶具和文房用品。虽然陶工亦好仿宜兴陶器上的装饰方法，例如将各体书法和绘画题材（山水、静物、人物、花鸟）相结合，但其装饰技巧却有很大的分别。钦州陶工采用镌刻和填泥（又称填白）的装饰技巧，将白色陶土填入已镌刻的纹样中，待泥浆干后反复碾压，直至与坯体密度相同，剔除高于坯体的泥块，使纹样与器表齐平，利用白色陶土和深色坯体产生色差对比效果，又称之为阴刻阳填工艺，有红器白花、白器红花之美誉，是钦州陶器典型的装饰风格。这种装饰手法亦偶见于宜兴陶器，在中国各类陶器品种中，只有云南建水窑制品常采用这种装饰技巧。经窑烧后，古时磨工以顽石手工打磨，从山上采回不同目数的粗细顽石，凿成适合手掌拿捏的小块状并凿出不同的弧度，以顽石先磨去坭兴陶粗皮（火皮）叫"粗磨"，后磨滑面，亦称"抛光"。抛光分施蜡法和不施蜡法。

钦州陶器烧制都为龙窑代烧，"钦州官窑"是否设置窑址，又位于何处？州置旧址没有窑址痕迹。《钦县县志》记载坭兴陶烧造："宜兴器烧工，其窑不能自为之，一定要附缸瓦大窑……惟缸瓦窑历史多年者，尤以水东乡缸瓦窑为最，自咸同来，开设宜兴多附斯窑代烧。"资料清楚表明："龙窑代烧"是早期钦州坭兴陶烧造的特点。坭兴陶具有独特的窑变，必须经过1100多度的高温，而且在特定条件下氧化还原才能生成。清末民国时期坭兴陶只有附专烧粗陶的大龙窑方可烧制。有关水东缸瓦窑，《钦州市志·工业志》记载："钦州城郊缸瓦窑村……清代以来……至民国32年，缸瓦窑村70户均以烧制粗陶器为业，不事耕农。……在滨临钦江的缓坡上建有小龙窑5座，陶器用松柴尾烧制。"据缸瓦窑村老艺人回忆：旧时钦城坭兴店老板们，每到烧窑时候，用船运载坭兴坯器渡江来到缸瓦窑，包租龙窑最佳火位而装烧。史料记载："附缸瓦大窑，因烧法有两种，一种稳当办法，是用纯火，其法将宜兴器交缸窑装入新制大缸内，加盖密封，与大缸同烧，宜兴在内，不直接明火，但烧出只得原色，无变异彩；一种听彩数办法，是用明火，不免有歪有裂，烧得成数不一定，其法将宜兴器交缸窑装入新制大缸内，顶上不盖密，留各宜兴器得直接火力，有变窑之异彩，听其自然，或变古铜或变得深浅蓝，或变黑白及各五彩奇异之色。"当地窑民师傅仍沿用旧时的"纯火法"和"明火法"（即窑变法），亦称"套肚"烧法。

二、古代钦州制陶史

古代钦州陶与现代钦州坭兴陶虽有差异，但在技艺和经验的传承上有着连续的关系。因此，在现代坭兴陶陶器之前的钦州制陶体系被称为古钦州制陶。文献中没有关于古代钦州制陶发展的记载。主要是以粗陶为主，出土的古钦州粗陶中，对窑址和墓葬的考古已成为考证的唯一依据。

（一）钦州新石器时代的出土陶器

广西钦州制陶的历史可以追溯到新石器时代。大约一万年前，钦州有人类居住。20世纪50年代，钦州地区发现了红泥岭、上洋角、雷庙岭等新石器时代遗址，出土了黑色粗砂陶器。

1960年，考古学家在钦州灵山县元屋岭、翠壁峰、三海岩、马鞍山、龙武山等新石器时代遗址发现了混砂陶和泥质陶的陶器碎片。混砂陶质地较为松软，胎呈黑色，绘有红、黄、灰白色陶衣，饰有细绳纹；泥质陶器有三种胎色：红黄色、灰白色和灰黑色。它比混砂陶器坚硬，有些接近坚硬的陶器。装饰有方格图案、之字形图案、格栅图案、网格图案和划线图案。在元屋岭和龙武山遗址，还发现了陶釜、陶纺车、陶豆等文物。属于泥质软陶，多以细绳纹装饰。[①]

1978年，在钦州那丽独料新石器时代遗址考古发掘中，出土陶器碎片2000余件，均为混砂陶，其中一半为粗砂红陶，其余为棕灰色陶和黑陶。这些混砂陶瓷片大都具有不同的胎壁厚度和不均匀的内壁。它们是手工制作的，烧成温度低。也有少量高温、厚度均匀、内壁光滑的陶瓷屑，可通过慢轮进行修复和加工。在这些出土的陶器碎片中，可以看到绳纹、筐纹、拍印纹、交错绳纹、锯齿纹、划痕纹等装饰图案。[②]

根据考古资料，钦州地区新石器时代的陶器有红陶、黑陶、灰陶和混砂陶四种，并有旋转技术，烧成可达到高温，这为钦州陶器的后续发展提供了技术和经验的积累，成为坭兴陶器发展和成熟的基本条件。

（二）隋唐时期的钦州制陶史

隋开皇十八年（公元598年），"以钦江河为名"，取"钦顺"之义，安州改为钦州。1977年和1981年，钦南区久隆

---

① 于永联. 广西灵山县新石器时代遗址调查简报[J].考古，1993（12）：1076-1084.

② 于凤芝，方一忠. 广西钦州独料新石器时代遗址[J].考古，1982（01）：1-8.

镇出土了七座宁陵。时间跨度为南朝至隋唐。出土陶器41件，多为高火温的蓝灰色硬质陶器，少数为低火温的软红色陶器。器物的种类有罐、钵、釜、带盖小盂等，专家鉴定为本地区的陶工、匠师设计烧造，而且造型合理，施釉均匀，火候也掌握得好，与先进的中原地区相比，在烧制质量上不相上下，在造型设计上已有自己的地方特色。①

专家鉴定为本地区陶艺家设计烧制，形状合理，施釉均匀，防火性能好。与中原先进地区相比，它具有相同的设计质量，在造型设计上有自己的地方特色。②

1988年，在钦州东场镇唐池岭发现了一批古窑址。碗、缸、杯、盆等器物的陶片多为白色釉面，陶片上装饰有波浪纹、几何纹、卷叶纹、莲花瓣纹等。也有一些黑色的陶器装饰着线的图案。有成堆已经烧制但尚未出窑的罐和碗，它们是隋唐时期的遗迹。钦州博物馆现存的碗、杯、痰盂都是当时的陶器。上述考古发现的陶器可以证明唐代钦州有大型陶瓷作坊，烧制技术水平相当成熟。这与"隋唐五代十国时期广西手工业进一步发展……这一时期的制瓷业相当发达，钦州、桂平、灌阳的陶瓷也相当有名"的描述是一致的。③

（三）唐代宁道务碑

唐代，钦州制陶业不仅满足了当地的需要，还远销海外。《广东省志》记载：唐代，广东生产的瓷器和丝绸通过海上丝绸之路大量出口到东南亚和中东。广州西村皇岗、佛山石湾和钦县紫砂窑均有名。④

---

① 韦仁义，佟显仁.广西壮族自治区钦州隋唐墓[J].考古，1984（03）：249-263+294.

② 邓经春.钦州陶业起始考[M]//政协钦州市钦南区委员会文教体卫文史委员会.钦南文史：第八辑.钦州：[出版者不详]，2013：3.

③ 广西壮族自治区地方志编纂委员会.广西通志·二轻工业志[M].南宁：广西人民出版社，2003：32.

④ 广东省地方史编纂委员会.广东省志·二轻（手）工业志[M].广州：广东人民出版社，1995：8.

民国九年（1920年），在钦州市城东平心村的逍遥大冢墓出土了一块宁道务陶碑和一个陶壶，碑上刻有"唐开元二十年"字样。纪念碑高1.3米以上，碑文1500多处，其体积之大、碑文之精美在当时的陶瓷制品中是罕见的，这也充分说明了当时钦州陶瓷技术水平之高。[①]

唐刺史宁道务墓志铭

府君讳道务，字惟清，临淄人也，于宁氏族，肇自□太公，挺天然之奇，作希世之宝，故能虎罴叶卜，龙豹成韬，克宁东土，立□□□，□国于齐壤，列封于宁城，只台德先，因而命氏，代纂洪绪，史不绝官，可谓源濬流长，根深叶茂，□□时□□□而秀气郁兴，□□□是人□而宏才间出，或□商歌而入相，或励□学以宾王。公侯子孙，必复其位，后之达者，在□府君乎？□曾祖猛力，隋仪同三司，交州刺史。怀杞梓之材，有栋梁之任，具瑚琏之器，为社稷之臣。□祖长真，隋光禄大夫鸿胪卿，□皇朝钦州都督上柱国开国公。河润九里，泽及三族，作衣冠之领袖，为庙廊之羽仪，往以隋运道消。皇唐御历，虑边隅之未乂，择忠良以抚之，靖乱安人，非公不可。下民被惠，翕然向风，美化徧于南州，令德闻乎□北阙，累沐光宠，屡降天书，非夫纯臣，畴能宅此？□父璩，□皇朝朝请授钦州都督上柱国开国公之仲子也，巨树千寻，垂荫万叶，散余芳于禹甸，布花萼于邦畿，代承衣锦之荣，雅叶画堂之庆，□太夫人冯氏□□□□，邦之女也，母仪天授，阃训生知，婉彼幽闲，作嫔君子，冀寿觞之永荐，庶慈颜之克谐，何潘舆之不留，忽奄奄于一息，□□□尽，今古相悲，自非灵仙之俦，孰免雕谢于老耄也。□府君稽松千丈，黄波万项，威仪肃肃，如临廊庙之忠，气象堂堂，绝无鄙俚之态，幼而颖悟，长而风清，涉猎乎六艺之场，牢笼乎百氏之苑，海内之学，尽在公门，非川岳降神，何以诞生

① 刘铮峰，黄泉胜，万辅斌.广西钦州唐代宁道务陶碑的初步研究[J].南方文物，2013（4），160-162.

贤哲？□□□□□拜瀼州临漳令，万岁通天年，调补龙州司马。丁□太夫人忧罢职，□公执丧尽礼，宁戚靡偷，虽露往霜来，不忘垅墓之恩，春归秋至，无亏禴祀之诚，而足年服阕，恭趋会府，授爱州司马，长安中，□旨授朝散郎，官如□□□□□□□□□□□□闻奏授爱州牧。神龙岁，官依旧。府君出言无二，法惟画一，权豪丧胆，奸吏亡魂，恩威互施，畏爱□齐，跋扈□□，□□作梗，王师出征，率精甲以从戎。克职□元帅，立懋功以简帝，旌德策勋。神龙中，授上柱国，景云岁，改牧郁林。公之在官也，□□□之谣，公之改职也；结去思之恋。昔之扳辕卧辙，夫何异斯？开元初，授朝议郎新州刺史，俄迁封州焉。九重之台，兴于经始；千里之路，起自初综。历阶必本乎微，升职克符乎著。盛德大业，允属于公，莅郡逾年，遘婴时疾。悲两楹之噩梦，哀梁木之倾颓；大数不留，哲人将逝。春秋五十有六，以疾卒于公廨。里春绝杵，邑稚罢歌，□□奉心，敬追遗志。扮榆是恋，魂兮归来，丹旐启行，素车将驾，士庶夹岸以观，僚史膜拜而敬。□□□□年十二月，旋殡于安业乡，礼也。夫人□氏，隋儋耳太守仁杰之孙，皇朝岩州□□司马□忠之女，合曰天作，秦晋是姻，归于公室，风树不静，逝水恒流，佳城易掩，夜台难曙；嗟色养之长违，□泽余波，奈晨昏之永殂。长子岐岚，□皇朝朝议郎，桂州始安主簿。中子岐岌，荔浦□丞。季子岐雄，未仕。并浑金璞玉，龙驹凤雏，人知其名，莫识其美。生子髫龀之岁，克承诗礼之风，满门修学之英，各擅簪缨之望。顷以悲深厚地，哀贯昊天，同顾氏之绝浆，类高生之□□，□血□哭，□□既往而追□在躬，宅兆所营，允昭乎后嗣；著龟叶庆，爰考乎前经，粤以皇唐开元廿年岁在壬申十一月庚子□□朔廿七日□寅，将迁座于龙门，遂读礼也。寿堂一闭，别即千秋，悲风生于庭树，愁云起于山邱，抚榱恓怆，临埏殒绝，怨白日之易驰，感黄泉之恨结，以为孝者德之本也，德者义之符也。不有幽赞，嘉声曷闻，仆也不才，承始安之厚顾，染翰悽恻，冀式辕□□□，□□□于洪休，□□名之一刊，庶传芳于万业。其词曰：

赫矣皇祖，诞膺丕命；非罴在梦，龙韬辅圣；列国于齐，锡封于宁；万古传芳，千龄叶庆；公侯之胤，世挺英灵；或因歌以见志，或假学以知名；崇德象贤，代嗣其职。开府公忠，卿尹亮直。布美化于丹微，播家声于紫极。干蛊之任，迁移钦江，长为茂族，永保家邦。猗显府君，克昭洪烈，桂馥兰芳，冰清玉洁；位以莺迁，阶由鸿渐；去甚去奢，惟恭惟俭；作人伦之圭臬，为躬行之琬琰。悼矣夫人，利有攸往，婚因六礼，归从百辆；谢玉充庭，韩珠入掌；心方乐于时康，奄并埋于泉壤。泪满礼庐，玉瘗灵樉，悲风动林，愁云结阵，痛厚地之易倾，悲昊天之难问。边土攸宜，笃生贤嗣，维出亲属，克符明义；扫虎狼之穴，得腾蛟之地。爰考宅兆，将迁龙门，马犬效劳，芸庶感恩；圣贤虽戚，悲痛宁论。夏之日兮冬之夜，百岁之后归于共谢；秋已往兮秋又来，千载之外，尚有余哀。念光阴之电促，孰不身受而心摧？孝为德本，德为义符，贻谋燕翼，垂示楷模；庶历世弥远，而声教愈见覃敷。（全文录自宁可风编《隋正议大夫宁赞碑》线装本，本中林绳武并作有跋记介绍。）

（四）两宋时期的钦州制陶史

《钦县县志》记载，两宋时期钦州城是用陶瓷砖建造的，但没有出土实物。

宋天圣元年（1023年），当时钦州的一位军事官员提出将州城迁建到此，钦州成为州城。在城市建设期间，当地的黏土被用来烧制城市的砖块。城砖块长30多厘米，宽20厘米，厚10多厘米。虽然没有宁道务陶碑那么大，但从数量上看，对当时的烧制技术和规模要求很高，这也说明了当时钦州陶瓷业的繁荣和日用陶瓷烧制水平的提高。

三、近现代钦州坭兴陶的兴盛

（一）清末钦州陶器发展

1. 从发轫到兴盛

钦州坭兴陶始于清末咸丰年间，依据《钦县县志》记载："钦有宜兴各器之由来，始于咸丰间，胡老六创制吸烟小泥器，精良远胜于苏省之宜兴，由此得名。厥后潘允兴、尤醉芳、郑金声，相继而出，研究日精一日，又于吸烟器外，发明制茶壶、花瓶各物。"说明坭兴陶与宜兴陶之间的联系。咸丰年间胡老六选用钦江优质东泥、西泥按比例炼制学习紫砂的成型工艺，制作吸烟小坭器。据传胡老六年轻的时候在江苏宜兴当过兵，受到宜兴陶的影响，根据《景德镇陶瓷》第二卷记载，胡老六之所以从烧制烟斗入手，是因1840年鸦片战争以后大量鸦片流入中国，出现了许多烟民。那时钦州的烟斗十分畅销，并在城区形成烟斗一条街（巷），故称烟斗巷，而后经过工艺匠师不断改进，技法日臻完善，除烟具之外，产品扩增有茶具、文房、花瓶等实用和观赏器物。陶艺人不断改良成型工艺，结合泥料的特性，将原来的泥片成型改为拉坯成型，更适合坭兴陶的生产，制作了大量日用品和陈设品类，广受各地客商和消费者欢迎。

【陈公佩、曾传仁、孔繁枝主修，陈德周总纂《钦县县志·民生志·陶冶》，民国三十五年出版，钦州市地方志编纂

委员会办公室重印，内部资料，P483】

2. 清末陶器赏析

（1）吸烟器(烟枪头)。

吸烟器，是钦州陶器精陶的开端，关于坭兴创制者胡老六的经历，《景德镇陶瓷》第二卷有过描述，大意相近，流传较多的说法是胡老六从小酷爱手艺活，受到当时江苏宜兴器的影响，游玩至宜兴，长期居住在此地，闲来无事常去紫砂陶坊饮茶聊天，并目睹了紫砂壶给当地陶工带来的收益，从此便开始了学习紫砂技艺。回钦州后，融合本土炼制的泥料和学习来的技艺，不断尝试制作，工艺不断改进，提高陶艺技法日臻完善。同治年间从事坭兴烧制的人家，大都聚居于钦州城南鱼寮街，因当时坭兴陶尚使用"宜兴器"旧称，故此街道被称为"宜兴巷"；又因所售卖多为坭兴烟具而被称为"烟斗巷"，该巷位于今天钦州的中山路。《钦县县志》记载其"制作的吸烟器精良远胜于苏省之宜兴"。

（2）清末茶壶。

①清末手执壶。

手执壶是清末比较常见的一种茶壶类型，也是根据清末饮茶的习惯和紫砂的工艺，借鉴造型，在自身工艺的基础上演变过来的，慢慢地形成了自己的独立的风格。

早期茶壶的制作采用坭片成型的方式，由于对坭料的了解和掌握，工匠们慢慢改变自己的成型方式，采用更合适坭料的工艺，拉坯工艺成型。如最常见的瓜棱壶、金钟壶等。

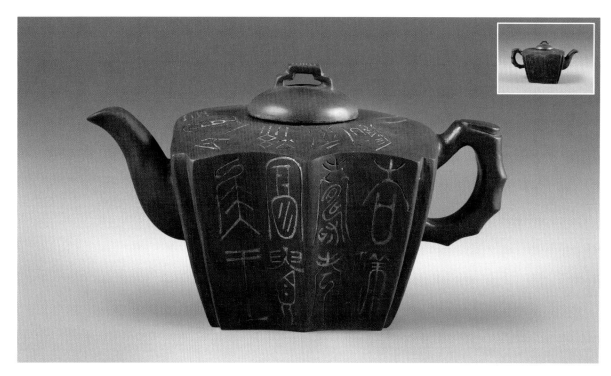

清末·斗方抽角四方壶

尺寸：长17 cm，高10 cm。

铭文：吉祥寿孝，富贵侯王，长宜子孙永宝，作于钦江畔，茂林氏刻，辛卯（1891年）夏月仲秋。此壶是一把极为少见的四方壶，采用早期的坯片成型制作工艺，比例恰当。整器用料精致，线条流畅，朴素简单，是晚清时期少有的精品壶之一。无底款。

北海市古安州坭兴陶壶博物馆藏品

清末·高士纹瓜钮钟形壶

尺寸：长18 cm，高10 cm。

铭文：凤羽，耕石子作于一枝轩，林氏。刻老者图。

底款：钦州如瑚轩孔嘉造。

北海市古安州坭兴陶壶博物馆藏品

清末·梅菊双清纹瓜棱壶

尺寸：长17 cm，高10 cm。

铭文：长宜子孙，菊有黄花，丙申（1896年）冬月于天涯亭畔。

底款：钦州蔡和声。

北海市古安州坭兴陶壶博物馆藏品

清末·狮钮四瓣瓜棱壶

尺寸：长18 cm，高11 cm。

铭文：寿者富贵昌吉祥。

另一面刻清供博古图。

底款：钦州明管。

北海市古安州坭兴陶壶博
物馆藏品

清末·佛手钮六瓣圆囊壶

铭文：清神夜眠。刻梅枝图。

另一面铭文：解渴醒余酒。刻
寿桃图。

底款：钦州符广音。

北海市古安州坭兴陶壶博物
馆藏品

清末光绪·菊蟹图扁瓜棱壶

铭文：丙午（1906年）作于自娱轩小作（石谷）。刻菊蟹图。

另一面铭文：学士风流（石谷）。刻兰花图。无底款。

北海市古安州坭兴陶壶博物馆藏品

清末·渊明爱菊纹瓜钮壶

铭文：共醉菊花杯（寿考）。

另一面铭文：长宜子孙。无底款。

北海市古安州坭兴陶壶博物馆藏品

清末·醉仙图六瓣瓜棱壶

铭文：金汤，时岁在甲午
（1894年）作于天涯亭畔。
另一面线刻醉仙图。
底款：卢笛声制（手刻款）。
北海市古安州坭兴陶壶博物馆
藏品

**清末光绪·博古纹叶子流
瓢瓜壶**

铭文：琴书自乐，丁酉（1897
年）仲春于古安作。刻琴书博
古图，另一面刻长寿半钩图，
长寿半钩铭二字。
底款：钦州王如声。
北海市古安州坭兴陶壶博物馆
藏品

清末光绪·佛手吉祥长寿六瓣壶

铭文：吉祥长寿。另一面刻佛手图。

底款：钦州蔡和声。

广州陈强先生藏品

清末光绪·荷花荔枝绞六瓣壶

铭文：岁在癸卯（1903年）冬十月作（云谷）。刻荔枝图。另一面刻"宝用"二字，刻荷花图。无底款。

北海市古安州坭兴陶壶博物馆藏品

清末光绪·吉祥寿考百鹿四方壶

铭文：长日惟消一局棋，壬辰（1892年）孟秋月长日作于天涯亭畔。线刻老者下棋图。另一面刻：吉祥寿考百鹿壶铭。肩刻：永宝用。刻知了图。此壶呈猪肝色，泥质细密，器身圆中带方，坯体坚实，比例恰当，整器用料精致，线条流畅，朴素简单，久经历史传承，愈见古拙，有淡雅清逸之意趣。此壶虽无底款，但根据壶型制式判断为尤醉芳作品。

剑州陶艺馆藏品

清末·桃钮井栏壶

尺寸：高7㎝，壶口6㎝。

铭文：清宵沦茗庚戌（1910年）冬作。刻填花卉图。

底款：杰记造。

剑州陶艺馆藏品

清末光绪·兰花竹段手执壶

铭文：时光绪戊戌（1898年）中元节前二日作于半椽书屋。刻兰花图。此壶以竹节为形，作竹段式，又与传统竹段壶略有不同，主要表现在壶口和壶盖上。壶周身装饰颇丰，既刻绘兰花，又仿古摹刻金石文，并落款记年。由铭中"光绪戊戌"可知此壶的制作时间为光绪二十四年，即1898年；而"中元节前二日"为农历七月十三。"半椽书屋"应为作者书房名。这在钦州窑传器中是极少见的。

剑州陶艺馆藏品

清末光绪·满工青铜器铭文纹六瓣圆囊壶

铭文：大吉祥富贵昌，独作尊并鼎寿孝宝用，长寿铭，长乐未央，始于未央中止雨亭，辛卯（1891年）秋月云谷。刻石兰图。此壶缺壶把，是一把清末的无款壶，壶身圆润，坯体坚实，比例恰当，整器用料精致，线条流畅，朴素简单，是一把难得的清末的实物标本器。无底款。

北海市古安州坭兴陶壶博物馆藏品

清末光绪·诗酒自娱子冶井栏壶

铭文：各邻作宝旅鼎，右各邻鼎铭六字，光绪丙申（1896年）夏六月摹古，诗酒自娱，子冶书写。

此壶作井栏式，端凝古穆，泥质坚紧，三弯流翘出，出水甚好，圈把浑圆敦实，压盖平缓合体，上置高桥钮，平底，整器圆润中透出古朴之韵。壶周身装饰颇丰，既刻绘人物，又仿古摹刻金石文，并落款记年。由铭中"光绪丙申"可知此壶的制作时间为光绪二十二年，即1896年，另一面铭"诗酒自娱，子冶书写"八字，推测为文人订制并参与所作，这在钦州窑传器中较为少见，此处"子冶"应为托款。

款识简介：瞿应绍（1780—1849年），字子冶，号月壶，晚号瞿甫，又署老冶、壶公冶父。最善画竹、兰，柳亦工，兼能书法篆刻。民国漱石生《退醒庐笔记》："邑绅瞿子冶广文，应绍书画，宗南田草意。道、咸间尤以画竹知名于时。……更喜以宜兴所制紫砂茶壶，绘竹于上而镌之，奏刀别有手法，为他人所不能望其项背，故当时一壶之值，已需三、四两。逮瞿物故之后，阙值更昂。今偶有此种'瞿壶'，骨董肆皆居为奇货，非十金、数十金不可，而真者尤未必能得。"

款识：钦州蔡和声（底款）；子冶（刻款）

剑州陶艺馆藏品

清末光绪·石兰六瓣壶

尺寸：长15 cm，高11 cm。

铭文：戊戌（1898年），蒲节作于古安州。

底款：钦州曾。

北海市古安州坭兴陶壶博物馆藏品

清末光绪·石榴桩形壶

尺寸：长17 cm，高17 cm。

铭文：岁在光绪庚子（1900年）作于古安州畔。另一面刻清供博古图。

底款：祥声造。

北海市古安州坭兴陶壶博物馆藏品

清末光绪·石竹绞六瓣壶

铭文：清品芝兰石泉作。刻竹图。另一面铭文：壬辰（1892年）冬月作于娱古轩（石）。刻石竹图。壶肩刻：可以一日无此君（石谷作）。无底款。

长沙夏勇先生藏品

清末光绪·玉壶卖春钟式壶

铭文：玉壶卖春，时乙未（1895年）中秋前五日作于古安天涯亭畔。钟式壶泥为胎，泥色古穆，圆小盖，盖上有山形穿孔钮，丰溜肩，圆筒腹，渐至底部外撇出台成底，飞耳把手，三弯流。壶身刻山水图。底边印有"卢笛声"款。钟系古代计量单位，《左传·昭公三年》："釜十则钟。"杜预注："(每钟)六斛四斗。古时四升为一豆，五豆为一瓯，五瓯为一釜，十釜为一钟。"以钟入壶，或有暮鼓晨钟之隐喻，尤其底款用闲章"则财恒足"出自《大学》："生之者众，食之者寡，为之者疾，用之者舒，则财恒足矣。"寓意生财有道，发人省思。

剑州陶艺馆藏品

②清末硬提梁壶。

硬提梁壶在清末钦州陶茶壶中是极为少见的一种，至今见到的也只有几把而已。钦州陶收缩比比较大，易变形，其工艺之难，也是对钦州陶器的一种挑战。烧成率极低，所以不为广泛运用。

清末光绪·蟹菊纹石瓢硬提梁壶

铭文：董昌器，右董昌器铭三字性痴刊。另一面刻菊蟹图。此壶在清末硬提梁壶中极为少见，比例恰当，整器用料精致，线条流畅，朴素简单，久经历史传承，愈见古拙，有淡雅清逸之意趣，雕刻精工细作，是一把难得的实物标本器。

底款：钦州庞小雅斋。

北海市古安州坭兴陶壶博物馆藏品

③清末直筒软提梁壶。

清末直筒壶到光绪末年出现，由于清末饮茶习惯的改变
和当时紫砂直筒壶流行，市场的需要也影响到了钦州陶的发
展，直筒壶慢慢地孕育而生。

清末光绪·石兰直筒软提梁壶

铭文：学士风流王者香，庚子
（1900年）三月于古安之会心亭
作意（云谷）。另一面铭文：石
谷氏刊。刻石兰图。
底款：钦州袁翠轩。
北海藏友藏品

清末光绪·直筒软提梁壶

铭文：雀舌，时在庚戌（1910
年）春二月于古安天涯亭畔
作。另一面刻浅浮雕太白图（吉
祥）。无底款
剑州陶艺馆藏品

（3）陈设花瓶。

清末·窑变老者赏菊长颈梅枝瓶

铭文：坐开桑落酒，来把菊花枝。刻浅浮雕老者赏菊图。无底款。

剑州陶艺馆藏品

清末光绪·博古梅枝盘口瓶

铭文：戊戌（1898年）仲冬作于古安天涯亭畔。刻清供博古梅枝图，无底款。

剑州陶艺馆藏品

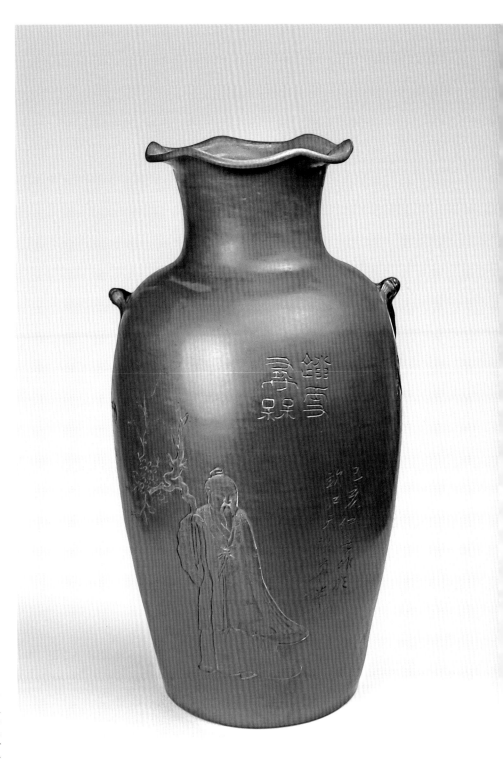

清末光绪·螭龙葵口瓶

铭文：踏雪寻梅，己亥
（1899年）仲春作于钦江
天涯亭畔。刻踏雪寻梅
图。无底款。

剑州陶艺馆藏品

清末光绪·老者悠闲长颈铺首天球瓶

铭文：时辛丑（1901年）季冬月于古安云荣作。刻浅浮雕老者悠闲图。无底款。

剑州陶艺馆藏品

清末光绪·梅雀梅枝贯耳瓶

铭文：光绪辛丑（1901年）
清和月林光奎。刻梅雀图。
底款：钦州蔡如瑚轩。
盛志强先生藏品

清末光绪·清供博古冬瓜瓶

铭文：琴书自娱，戊戌（1898年）仲秋作于钦江天涯亭畔。刻琴书清供博古图。

底款：钦州。

上海藏友藏品

清末光绪·松下罗汉炼丹铺首撇口瓶

铭文：火添文武炼金丹，时戊戌（1898年）仲秋于古安天涯亭畔粹初仁兄大人雅玩，茂生氏制。刻松下罗汉炼丹图，另一面刻钟鼎纹。无底款。

剑州陶艺馆藏品

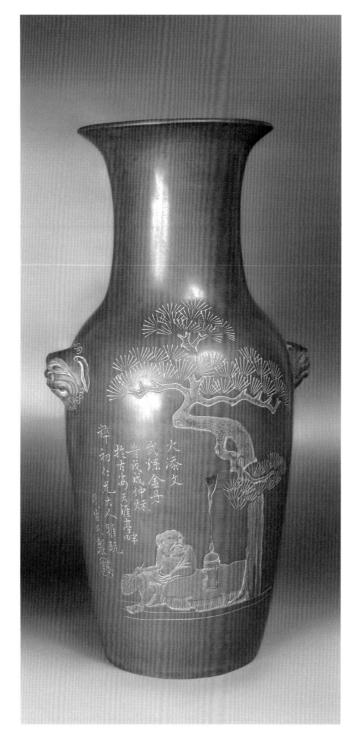

清末光绪·松下童子长颈天球瓶

铭文：岁在辛丑（1901年）仲春于古安天涯亭畔。刻松下童子图。无底款。

剑州陶艺馆藏品

清末光绪·竹图冬瓜对瓶

铭文：壬寅（1902年）作于古
安州艺林斋之石居士写（山
石）。刻竹图。

底款：林斋。

盛志强先生藏品

清末光绪·窑变白泥兰花观音瓶

铭文：丁酉（1897年）仲冬月作于古安
天涯亭畔。线刻兰花。

底款：钦州蔡和声。

剑州陶艺馆藏品

清末光绪·竹纹撇口瓶

铭文：甲辰（1904年）孟秋
月作于古安江杏轩。刻竹
图。无底款。

广州陈强先生藏品

清末光绪·竹纹撇口瓶

铭文：时光绪癸卯（1903年）夏月作于
古安一枝轩。刻竹图。无底款。

北海市古安州坭兴陶壶博物馆藏品

清末宣统·松鹤铺首尊

铭文：松寿延年，己酉（1909年）仲秋作（山人）。刻填松鹤图。另一面刻填古钱币图。

底款：益兴。

剑州陶艺馆藏品

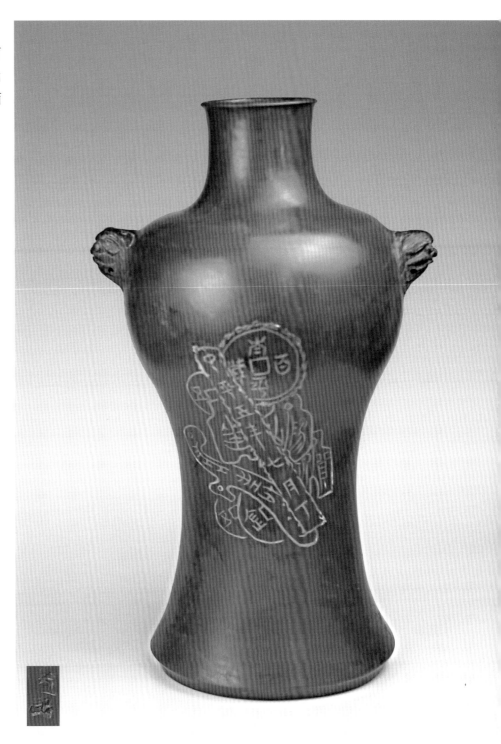

（4）绞泥花瓶。

清末·回纹耳绞泥对尊

无铭文。此尊至今是唯一一对以绞泥镶嵌工艺进行装饰的清末坭兴陶器皿，绞泥装饰表现素雅自然、清新秀丽，莹润有光泽、古意盎然，尽显脱俗之气。该尊胎质细腻，做工精良，器形独特。其装饰工艺表现新颖，令人悦然动心，表现了坭兴陶装饰运用的多样性，镶嵌工艺独树一帜。

底款：钦州老李造。

广州汇珍福陶珍藏品

清末光绪·博古长颈绞泥瓶

铭文：时在甲辰仲夏月作（三石）。刻博古图。

底款：钦州王如声（美记）。

广州陈强先生藏品

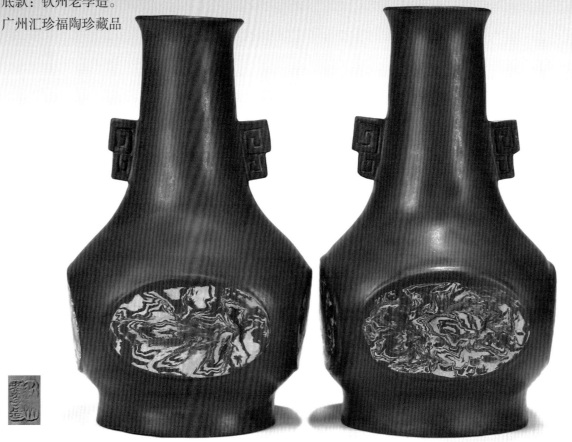

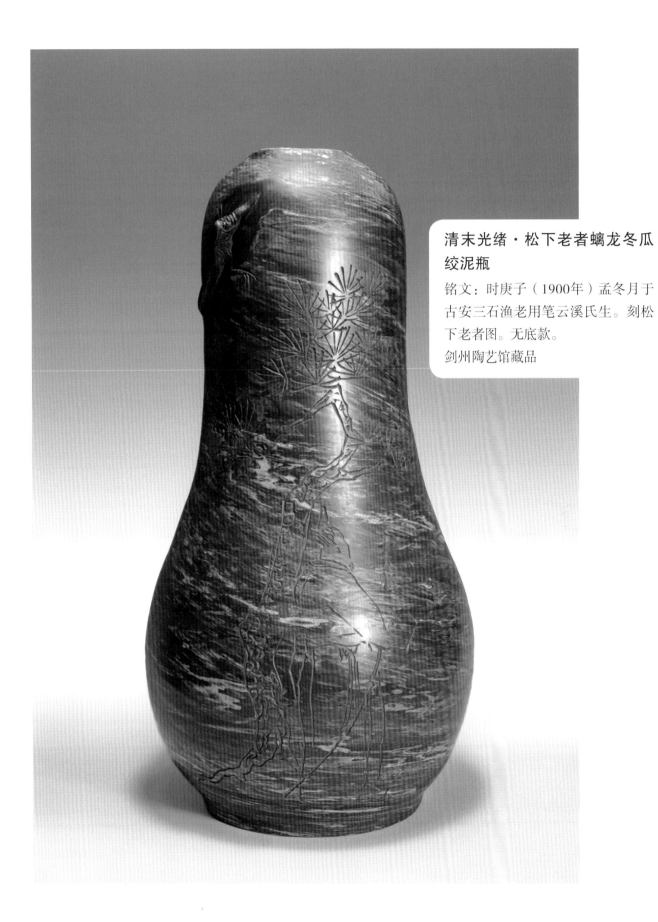

清末光绪·松下老者螭龙冬瓜绞泥瓶

铭文：时庚子（1900年）孟冬月于古安三石渔老用笔云溪氏生。刻松下老者图。无底款。

剑州陶艺馆藏品

（5）日用器皿。

清末光绪·直筒太白醉酒温酒软提梁壶

铭文：董昌器琴书自娱祐绳涂乙巳（1905年）阳月作。刻太白醉酒图。无底款。

剑州陶艺馆藏品

清末光绪·窑变水仙盆

铭文：占春，丙午（1906年）冬于古安余闲主人刊。刻水仙图。无底款。

长沙夏勇先生藏品

（6）文房器皿。

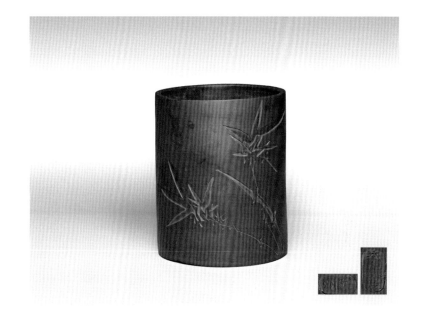

清末·笔筒

无铭文，刻竹。

底款：钦州李家造。

剑州陶艺馆藏品

清末光绪·吐凤笔筒

尺寸：高12 cm，口宽8 cm。

铭文：吐凤，辛丑（1901
年）春之初古安石谷涂
（石）。无底款。

长沙夏勇先生藏品

清末光绪·梅雀笔筒

尺寸：高12 cm，口宽8 cm。

铭文：乙巳（1905年）冬月石
谷作于一枝轩（石）。刻梅雀
图。无底款。

剑州陶艺馆藏品

清末光绪·六方水仙盘

尺寸：高8 cm，口宽13 cm。

铭文：宜春，癸卯（1903年）嘉平于自娱少轩石谷作。四面刻梅兰竹菊图。

底款：钦州章秀声。

剑州陶艺馆藏品

清末光绪·人物小水盂

尺寸：高4 cm，口宽4 cm。

铭文：甲午（1894年）孟冬初浣作于天涯亭畔梅鹤山人制。线刻松下老者休闲图。无底款。

福州老壶周藏品

清末光绪·博古佛手四足水仙盆

尺寸：高7 cm，口宽16 cm。

铭文：时在癸卯（1903年）仲秋月为恂卿氏作（三石）。线刻博古佛手菊花图。另一面铭文：花好月圆人寿（三石）。无底款。

上海藏友藏品

清末·太白自斟自饮小水盂

尺寸：高8 cm，口宽5 cm。

铭文：青门相兄司马大人雅玩，明楼张复初饮壶觞以自酌。刻太白自斟自饮图。无底款。

广州汇珍福陶珍藏品

（二）民国钦州陶的发展

民国元年（1912年），废除钦州直隶州，改为钦县。钦县官员加大了对坭兴陶的宣传和支持力度，促进了民国初期坭兴陶的快速发展。坭兴陶在原有基础上大放光彩，陶品畅销香港、澳门、广州和上海等地。其后又通过越南远销东南亚。自此以后钦州陶器开始声名鹊起，并为人争相定制。钦州陶工已能掌握制作大型器物的技巧，如仁义斋曾为广州六榕寺烧制一对高过三尺的大瓶。这对瓶是铁禅和尚特别定制，作为殿中摆设。钦州陶器亦外销邻近省份和东南亚一带。其后在1915年旧金山举行的巴拿马博览会中，更获金牌奖；在1930年比利时博览会中又获一等奖。

钦州陶器的烧制主要集中在位于钦州市郊钦江东岸的水东乡缸瓦窑村。原来的姓氏张、莫、苏、刘、后又相继迁入卢、梁。村民们在钦江岸边的缓坡上建了五座龙窑，用松木烧陶器。这些龙窑主要用于烧制建筑陶瓷和日用陶瓷。建筑陶瓷是指砖瓦。日用陶瓷包括大缸和罐，以及小花瓶、茶具、碗和盘子。在龙窑烧制时，在大型器皿的内部和外部安放碟、碗和茶具等小型器皿，以节省空间和火力。当时的坭兴陶多指这些小器物。

1939年11月，日军入侵钦州，坭兴陶遭受毁灭性打击。坭兴陶陶艺作坊及坭兴陶陶艺烧制的工具和制品被摧毁。由于时势的动荡，从事陶器烧制的工匠流离失所。一些人逃到越南的芒街，钦州的坭兴陶烧制业进入关闭状态，钦州窑亦告停产。直到中华人民共和国成立后的1956年，才恢复生产。

1. 民国陶器赏析

（1）茶壶。

①手执壶。

民国手执壶延续了清代的风格，是民国比较常见的一种茶壶类型，也是在清代风格和民国饮茶习惯的基础上演变过来的，慢慢地也形成了民国的独立风格。常见的有瓜棱壶、柱础壶，其中软提梁壶居多。

民国·白泥窑变狮钮壶

尺寸：长14 cm，高8 cm。

铭文：壶中自有春如海，民国
廿三年（1934年）春陈崇斌作
于天涯名城。

底款：钦州王益兴。

剑州陶艺馆藏品

民国·高柱础壶

尺寸：长16 cm，高13 cm。

铭文：癸亥（1923年）中秋节
于古安天涯亭畔作。另一面刻
老者 采香刊（香）。

剑州陶艺馆藏品

民国·高柱础壶

尺寸：长16 cm，高11 cm。

铭文：饮和，戊戌（1928年）仲春于古
安州。另一面刻填芦蟹图。

底款：钦州何余音。

北海市古安州坭兴陶壶博物馆藏品

民国·梅花瓜棱壶

尺寸：长16 cm，高11 cm。

铭文：时甲寅（1914年）夏之六月
上浣日于古安作（主人）。刻填梅
花石溪渔子作（石）。

北海市古安州坭兴陶壶博物馆藏品

民国·山水纹瓜棱壶

尺寸：长20 cm，高12 cm。

铭文：浥露庚申（1920年）仲夏月。

刻填山水图。

底款：钦州王广益造。

北海市古安州坭兴陶壶博物馆藏品

民国·金钟壶

尺寸：长15 cm，高10 cm。

铭文：辛酉（1921年）仲冬月于
古安作。另一面线刻牡丹图。

竹里居藏品

民国·花雀桃钮桃子壶

尺寸：长15 cm，高11 cm。

铭文：民国二十七年（1938年）冬制于古安州以为觉民仁兄留念，弟健鸣敬赠。另一面刻花卉雀图。

北海市古安州坭兴陶壶博物馆藏品

民国·窑变仿生桃形桃钮壶

尺寸：高12 cm，壶口3 cm。

此壶是一把难得的窑变桃子壶，莹润有光泽、古意盎然，尽显脱俗之气。该壶胎质细腻，打磨精良，器身规整，形制精巧，线条流畅，朴素简单，不事任何雕琢，久经历史传承，愈见古拙，有淡雅清逸之意趣。

剑州陶艺馆藏品

民国·窑变瓜棱壶

尺寸：长12 cm，高8 cm。

铭文：社明先生雅玩香清味永，弟敬初赠，甲戌（1934年）冬作。刻浅浮雕人物。

底款：金声。

剑州陶艺馆藏品

民国·花鸟四方棱狮钮壶

尺寸：长15 cm，高11 cm。

铭文：民国廿三年（1934年）作于古安州。刻填花鸟图。无底款。

北海市古安州坭兴陶壶博物馆藏品

民国·窑变金钟壶（套壶）

尺寸：长15 cm，高10 cm。

铭文：民国廿五（1936年）春制于古安州京濂识。另一面线刻山水图。这是一套难得的一壶、四杯、一碟套装壶。此壶窑变自然，泥质细密，坯体坚实，比例恰当，整器用料精致，线条流畅，朴素简单。

底款：广音。

剑州陶艺馆藏品

民国·兰花圆珠壶

尺寸：长15 ㎝，高10 ㎝。

铭文：壬戌（1922年）孟夏月
天野恭太郎先生雅玩，弟黄堃
南敬赠。另一面刻填兰花图。

底款：曾湘记。

长沙夏勇先生藏品

民国·关羽夜读直筒手执壶

尺寸：长16 ㎝，高16 ㎝。

铭文：解倦甲戌（1934年）
秋月于钦州作。另一面刻浅
浮雕关羽夜读。

底款：益兴。

剑州陶艺馆藏品

民国·花鸟钟形壶

尺寸：长16 cm，高11 cm。

铭文：民国二十年（1931年）四月海扬作于钦州天涯亭畔客次。刻填花鸟图。

底款：钦州会春。

北海市古安州坭兴陶壶博物馆藏品

民国·柱础窑变桃钮壶

尺寸：长15 cm，高10 cm。

铭文：玉液，民国廿二年（1933年）海扬志于古安州。另一面刻柳阴垂钓。

底款：广音。

北海市古安州坭兴陶壶博物馆藏品

②温酒壶。

民国·圆珠窑变软提梁温酒壶（缺盖）

尺寸：长10 cm，高13 cm。

铭文：仿罗山道人之大意（主人）。刻填渔翁图。另一面刻浮香丁巳（1917年）仲夏中浣日作。

底款：钦州王广益造。

上海藏友藏品

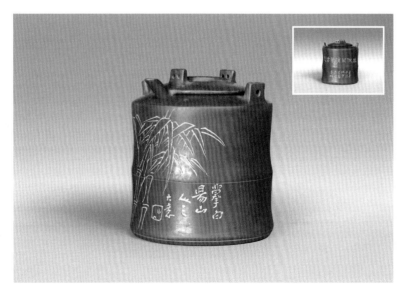

民国·竹节软提梁温酒壶（缺盖）

尺寸：高12 cm，宽10 cm。

铭文：与你共消万古愁，壬子（1912年）冬月作于古安天涯亭畔。另一面刻：摹白阳山人之大意（山人）。刻填竹子图。

剑州陶艺馆藏品

民国·太白醉酒纹壶

尺寸：长11 cm，高12.5 cm。

铭文：辛酉年（1921年）秋九月于古安作。另一面刻太白图。

底款：H

北海市古安州坭兴陶壶博物馆藏品

③软提梁壶。

民国·瓜棱桃纽软提梁壶

铭文：壬戌（1922年）春月于古安州作。刻填鹤松图。

底款：曾湘记。

北海市古安州坭兴陶壶博物馆藏品

民国·菊花瓜棱软提梁壶

铭文：延龄时庚申（1920年）梅月
上浣作。刻填菊花图，刻养性轩采
香写（香）。无底款。

北海市古安州坭兴陶壶博物馆藏品

民国·瓜棱软提梁壶

铭文：六安，丙寅（1926
年）仲夏于古安作。刻填
荷花图 。底款不清。
广州李景贤先生藏品

民国·瓜棱软提梁壶

铭文：甘露，癸亥（1923
年）清和月作。另一面刻
填花雀图。
底款：广音。
太和陶园藏品

民国·瓜形软提梁壶

铭文：民国十九年（1930年）冬
月于古安州天涯亭畔作。刻浮雕
人物松竹山房刊（韦）。

底款：美珍。

广州陈强先生藏品

民国·窑变竹节软提梁壶

铭文：冰心，丁卯（1927
年）仲秋月于古安作。刻填
梅花图。

底款：金声。

剑州陶艺馆藏品

民国·琴书自娱直筒软提梁壶

铭文：诗清，辛未（1931年）冬日别古安。另一面刻填琴书自娱老者图。无底款。

广州李景贤先生藏品

民国·竹子直筒软提梁壶

铭文：民国九年（1920年）时在庚申暮春之初括如自置。刻填竹子图。

底款：钦州王美记。

广州陈强先生藏品

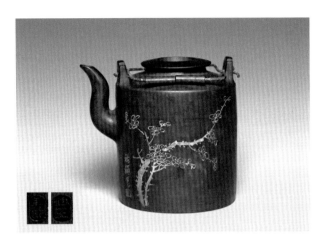

民国·梅花直筒软提梁壶

铭文：清品，丙辰（1916年）
仲秋月中浣作。刻填梅花图，
祐绳写（祐）。
底款：钦州王美记。
广州李景贤先生藏品

民国·人物直筒软提梁壶

铭文：饮冰，戊午年（1918
年）仲未冬月上浣日古安州
作。 另一面刻填人物图。底款
不清。
广州陈强先生藏品

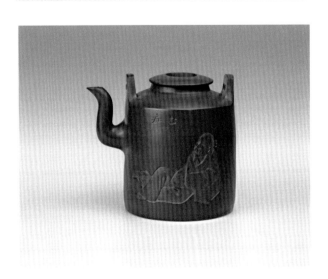

民国·书痴直筒软提梁壶

铭文：诗清，辛未（1931年）冬
月作。另一面刻书痴图。
底款：美记。
太和陶园藏品

民国·花鸟直筒锡嘴软提梁壶

尺寸：高20 cm，宽15 cm。

铭文：丙辰（1916年）仲冬制，生生堂大宝号陈耀开拜赠。刻填花鸟图。无底款。

剑州陶艺馆藏品

民国·竹节软提梁壶

铭文：兰言，丁卯（1927年）仲秋月于古安作。刻填兰花图。底款不清。

广州李景贤先生藏品

民国·牡丹富贵竹节软提梁壶

铭文：民国，富贵宜侯王。刻填牡丹富贵图。

底款：钦州王美记。

剑州陶艺馆藏品

民国·梅花竹节软提梁壶

铭文：泉韵，己未（1919年）仲未秋月上浣日作。另一面铭文：横斜梅开月精神。刻填梅花图。

底款：钦州王广益造。

剑州陶艺馆藏品

民国·螳螂竹节软提梁壶

铭文:大富贵，丁巳（1917年）月上浣日古安作。另一面刻填螳螂图。

底款：如瑚轩。

剑州陶艺馆藏品

民国·竹节软提梁壶

铭文：庚申（1920年）仲春中浣于古安天涯亭畔作。另一面铭文：养性轩采香氏写（香）。刻竹图。

藏友藏品

民国·竹节窑变软提梁壶

铭文：沁诗，民国二十年（1931年）天贶节于古安作。另一面刻填荷花图。

底款：钦州王益兴。

广州李景贤先生藏品

（2）茶叶罐。

民国·窑变茶叶罐

铭文：民国六年（1917年）清河月下浣日于古安州天涯亭畔制。刻填牡丹图。无底款。

剑州陶艺馆藏品

民国·窑变直筒茶叶罐

铭文：民国二十一年（1932年）夏海阳制于古安州。线刻花鸟图。无底款。

剑州陶艺馆藏品

（3）陈设花瓶。

民国·花鸟白泥撇口瓶

尺寸：高22 cm，瓶口5 cm。

铭文：丙寅年（1926年）春月作

（寿）。线刻花鸟图。

底款：利贞。

剑州陶艺馆藏品

民国·观音菊雀小赏瓶

尺寸：高22 cm，瓶口5 cm。

铭文：时在癸丑（1913年）秋月作于古安州天涯亭畔。

底款：仁义斋。

剑州陶艺馆藏品

民国·白泥铁拐李铺首尊

尺寸：高40 cm，瓶口8 cm。

铭文：亲爱精神谷民我兄雅玩
泽深赠大中华民国十八年三月
九日于钦州军次。另一面刻浅
浮雕八仙铁拐李。无底款。

剑州陶艺馆藏品

民国·白泥一琴一鹤对瓶

铭文：一琴一鹤，己巳年（1929年）
午月中浣作。线刻一琴一鹤图。

底款：真记。

广州陈强先生藏品

民国·橄榄对瓶

尺寸：高25 cm，瓶口6 cm。

铭文：戊辰年（1928年）夏月作（寿）。刻填花雀图。

底款：曾湘记。

剑州陶艺馆藏品

民国·李广射石虎斑窑变盘口瓶

铭文：乙亥（1935年）仲春作于古
安州。刻古钱币图。另一面刻李广
射石图。

底款：章财记。

剑州陶艺馆藏品

民国·花鸟冬瓜瓶

铭文：癸酉年（1933年）夏日于
古安州作。刻填花鸟图。

底款：联和祥。

剑州陶艺馆藏品

民国·梅枝雀撇口瓶

铭文：云溪山馆主人作。刻
填梅枝雀图。

底款：钦州王美记。

盛志强先生藏品

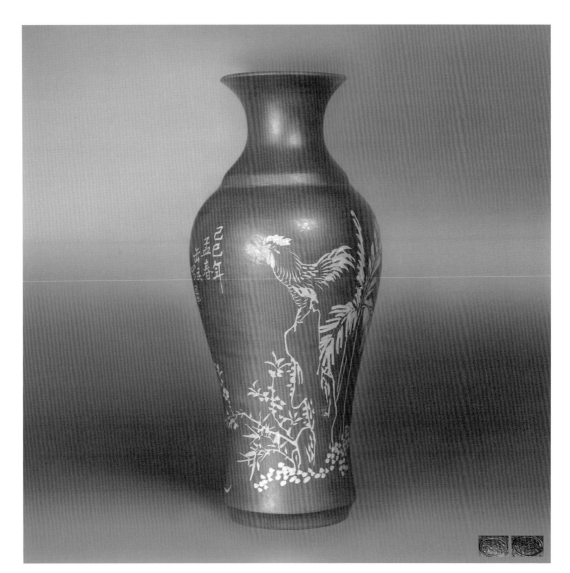

民国·鸡鸣撇口瓶

铭文：己巳年（1929年）孟春缶

民写。刻填鸡鸣图。

底款：钦州会春。

剑州陶艺馆藏品

民国·花鸟撇口瓶

尺寸：高42 cm，瓶口12 cm。

铭文：己未年（1919年）仲冬月于
古安州作。刻填花鸟图。无底款。

剑州陶艺馆藏品

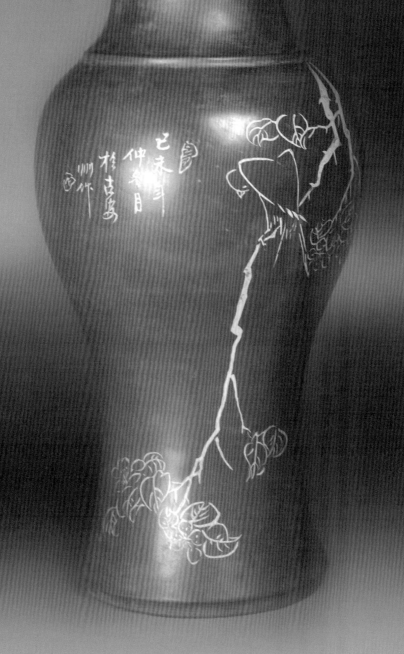

民国·撇口瓶

铭文：乙卯（1915年）中秋月
中浣日作（光）。刻填竹图。
底款：钦州潘。
剑州陶艺馆藏品

民国·铺首颈纹尊

铭文：万年永宝用（金文），民国
十七年（1928年）戊辰东月光辉于
钦州军次。另一面刻填太白图。
底款：锟记。
剑州陶艺馆藏品

民国·铺首小口尊

铭文：乞巧图，戊辰（1928
年）秋日作松竹山房刊。刻浅
浮雕穿针侍女图，另一面刻梅
枝图。

底款：福珍造。

剑州陶艺馆藏品

民国·铺首尊

铭文：诸葛经论公瑾老兄惠
存，戊辰（1926年）冬秋泉敬赠
（秋泉）。刻填山水田园图。

底款：锟记。

北海市古安州坭兴陶壶博物馆
藏品

民国·铺首尊

刻填梅枝图，另一面刻填古钱币图。

底款：钦州王美记。

剑州陶艺馆藏品

民国·雀石榴盘口瓶

铭文：时在乙丑年（1925
年）春三月小浣余兆侯置。
线刻雀石榴图。无底款。
广州陈强先生藏品

民国·山水冬瓜对瓶

铭文：甲子（1924年）仲冬月于
古安州作。刻填山水图。

底款：曾湘记。

竹里居藏品

民国·山水盘口大赏瓶

尺寸：高52 cm，口宽16 cm。

铭文：丙寅（1926年）天节于古安州作。刻填山水田园图。

底款：曾湘记造。

北海市古安州坭兴陶壶博物馆藏品

民国·山水盘口瓶

铭文：时丁卯（1927年）秋七月中浣钦州中华作。刻填山水田园图。无底款。

太和陶园藏品

民国·山水撇口瓶

尺寸：高52 cm，瓶口16 cm。

铭文：乙丑年（1925年）孟秋月于古安州作（吉祥）。刻填山水图。

底款：曾湘记。

剑州陶艺馆藏品

民国·山水渔翁盘口瓶

铭文：辛未年（1931年）季春于古安天涯亭畔作。刻填山水渔翁图。无底款。

北海市古安州坭兴陶壶博物馆藏品

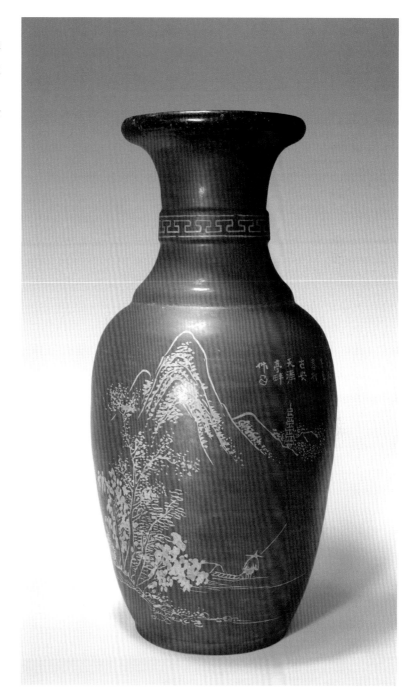

民国·束肩盘口瓶

铭文：和合多快乐，辛未（1931年）
仲秋月作。刻和合图。

底款：钦州王美记。

北海市古安州坭兴陶壶博物馆藏品

民国·束肩撇口瓶

铭文：辛酉年（1921年）孟春月于古安州作。刻填竹子图。

底款：曾湘记。

剑州陶艺馆藏品

民国·四棱盘口瓶

尺寸：高26 cm，瓶口7 cm。

铭文：民国十九年（1930年）春月督制于古安州天涯亭畔鉴任文贤棣玩幼生赠。另三面刻养正、留香，刻填菊图。

底款：财记。

广州陈强先生藏品

民国·松鹤撇口瓶

铭文：松鹤遐龄，己未年
（1919年）仲夏月中浣日
于古安作（山人）。刻填
松鹤图。

北海市古安州坭兴陶壶博物
馆藏品

民国·踏雪寻梅撇口瓶

铭文：时在戊辰（1928年）孟冬月于古安州作踏雪寻梅。刻填踏雪寻梅图。

底款：曾湘记。

北海市古安州坭兴陶壶博物馆藏品

民国·田园冬瓜瓶

铭文：丙寅年（1926年）仲冬月
于古安州作（山人）。刻填田园
图。底款不清。

广州陈强先生藏品

民国·窑变铺首蒜头瓶

铭文：时在癸丑（1913年）秋之
八月山浣于钦江城南师古轩作
（主人）。另一面刻填山水图。

底款：师古轩用久方知。

北海藏友藏品

民国·窑变葵口瓶

尺寸：高35 cm，瓶口10 cm。

铭文：寻梅图，辛酉年（1921年）孟春月

于古安州作。刻填寻梅图。无底款。

剑州陶艺馆藏品

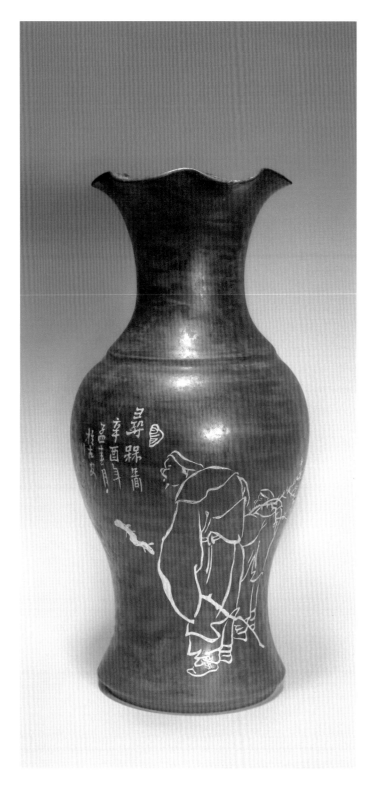

民国·窑变牡丹小赏瓶

铭文：民国四年（1915年）于钦州天涯亭畔由圃仁兄雅玩，弟古直制赠。刻填牡丹图。无底款。

剑州陶艺馆藏品

民国·螳螂菊石窑变撇口瓶

尺寸：高40 cm，瓶口11 cm。

铭文：壬戌年（1922年）孟冬月之上
浣日于古安作。刻填螳螂菊石图。

底款：新兴。

剑州陶艺馆藏品

民国·窑变撇口瓶

尺寸：高38 cm，瓶口10 cm。

铭文：辛酉年（1921年）秋九月于古安州作（山人）。刻填山水田园图。此瓶窑变色彩丰富，素雅自然，窑变与刻填自然形成独特意境画面，窑变自然和谐，古意盎然，尽显脱俗之气。

底款：美珍。

藏友藏品

民国·窑变铺首尊

铭文：钦州乃古安州，昔称天涯，陶器质美，古色斑斓，玩之深为可爱，是年秋任事是间，因制以此赠。另一面刻仙桃寿公图。无底款。

长沙夏勇先生藏品

民国·窑变山水盘口瓶

尺寸：高50 cm，瓶口15 cm。

铭文：壬戌年（1922年）冬之十一月
中浣日作。刻填山水田园图。

底款：曾湘记。

剑州陶艺馆藏品

民国·窑变山水铺首对尊

铭文：民国二十四年（1935年）仲秋于古
安州天涯作（主人）。线刻山水图。

底款：钦州王益兴。

剑州陶艺馆藏品

民国·窑变手玩对尊

尺寸：高10 cm，口宽2.5 cm。

铭文：己巳年（1929年）冬日
作。刻填梅枝图。

底款：全华。

太和陶园藏品

民国·窑变束肩葵口瓶

铭文：灿庭仁兄雅玩，潘雨亭敬
赠，民国二十一年（1932年）十
月。刻松鸟图。无底款。

竹里居藏品

民国·窑变蒜头瓶

铭文：民国十九年（1930年）孟
春下浣于天涯亭畔作，松竹山房
刻（韦）。刻填鸳鸯图。

底款：钦州王广益造。

藏友藏品

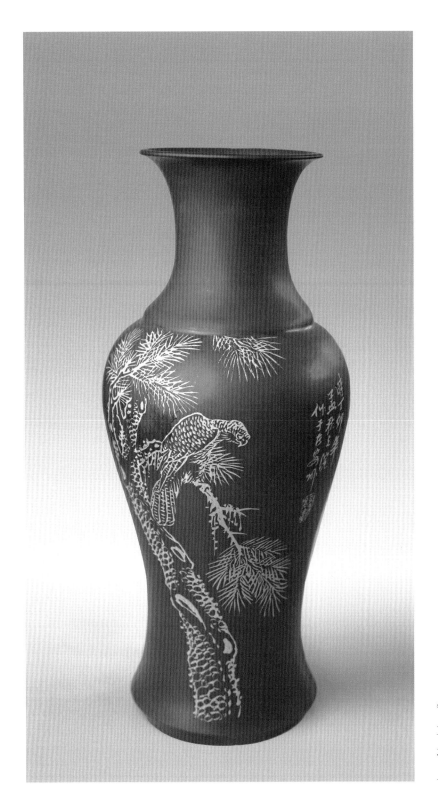

民国·松鹰撇口瓶

铭文：时丁卯年（1927年）
孟秋之浣作于古安州。刻
填松鹰图。无底款。

上海藏友藏品

民国·折梅寄驿人物撇口瓶

尺寸：高28 cm，瓶口7 cm。

铭文：聚散无常，离合莫测，临岐依依，云何不感，用赠微物，聊以志敬，民国二十一年（1932年）夏作为际良先生存玩，王士倬敬赠。浅浮雕折梅寄驿人物图。

底款：钦州会春。

福州老壶周藏品

（4）壶,花瓶绞泥器。

民国·富贵王侯绞泥套件壶

此套绞泥壶在钦州窑里面也是极为少见的，
从器型上来判断，是民国时期外销器皿常见
的一种，是一套难得的实物标本器。
底款：钦州潘茂兴。
北海市古安州坭兴陶壶博物馆藏品

民国·绞泥撇口对瓶

无铭文。此瓶为绞泥拉坯成型，绞泥纹路变化丰富，清晰自然，是一对难得的精品绞泥对瓶。

底款：茂兴。

北海市古安州坭兴陶壶博物馆藏品

民国·绞泥小赏瓶

无铭文。

底款：晖造。

长沙夏勇先生藏品

（5）日用器皿。

民国·瓜棱小罐

尺寸：高7 cm，宽6 cm。

铭文：美人香作。刻兰花。另
一面刻梅枝图。

底款：广兴。

剑州陶艺馆藏品

民国·葵口窑变三足水仙盘

铭文：仙风道骨，己未年
（1919年）初夏上浣作。另一
面刻梅枝图。无底款。

剑州陶艺馆藏品

民国·梅枝水仙盆

铭文：仿新罗山人笔法。刻填
梅枝图。

底款：钦州王广益造。

剑州陶艺馆藏品

民国·牡丹茶叶罐

铭文：民国六年（1917年）清和
月下浣日于古安州天涯亭畔制。
另一面刻牡丹图。无底款。

剑州陶艺馆藏品

民国·铺首榴钮罐

铭文：雪中未问调羹事，先向百花头上开，丁巳（1917年）仲夏于古安作。摹板桥先生之笔意刻兰图。无底款。

剑州陶艺馆藏品

民国·套杯

铭文：民国二十一年（1932年）元月作。另一面刻填花卉图。无底款。

剑州陶艺馆藏品

民国·套杯

铭文:庚午年（1930年）夏月作于古安州天涯亭畔。刻填梅枝图。无底款。

竹里居藏品

民国·文房小罐

铭文：一觞一咏，丁巳（1917年）夏月制于钦州中学校，张君泰用品。另一面刻填梅枝图。

盖刻：醉月。无底款。

盛志强先生藏品

民国·小水杯

铭文：丙子（1936年）作于钦州天涯亭畔。无底款。

剑州陶艺馆藏品

民国·小碗

铭文：丁卯（1927年）孟冬作
（寿）。无底款。

剑州陶艺馆藏品

民国·窑变参盅（缺盖）

铭文：丙寅（1926年）三月于
古安州作。刻填梅枝图。

底款：慎记。

剑州陶艺馆藏品

（6）文房器皿

民国·窑变菖蒲小盆

尺寸：高8 cm，直径10 cm。

铭文：时在丁巳（1917年）仲春中浣日作。刻梅枝图。

剑州陶艺馆藏品

民国·菊图笔筒

尺寸：高12 cm，宽8 cm。

铭文：丁巳年（1917年）春月中浣日作。刻填菊图。

底款：曾湘记。

广州李景贤先生藏品

民国·葵口三足水仙对盆

铭文：庚午（1930年）秋月作于钦江天涯亭畔（窑）。无底款。

广州李景贤先生藏品

民国·兰花赏碟

铭文：时在辛酉年（1921年）秋月作，黄卓南书于钦州军次。刻填兰花图。无底款。

剑州陶艺馆藏品

民国·铺首三足香炉

尺寸：宽12 cm，高6 cm。

无铭文。无底款。

剑州陶艺馆藏品

民国·狮钮铺首三足香薰

尺寸：高16cm，宽13cm。

无铭文。刻浅浮雕张果老。无底款。

剑州陶艺馆藏品

民国·狮钮铺首香薰

无铭文。刻浅浮雕老者悠闲
图。无底款。
剑州陶艺馆藏品

民国·双耳宣德炉

无铭文。此炉仿宣德三足香
炉，实为罕见，器型古朴，比
例恰当。整器用料精致，线条
流畅，朴素简单，不事任何雕
琢，久经历史传承，愈见古
拙，有淡雅清逸之意趣，是一
只难得的实物标本器。
底款：钦州王益兴。
剑州陶艺馆藏品

民国·兰花填泥笔筒

尺寸：高12 cm，宽8 cm。

铭文：带露吟烟次第开，我今移就管边栽。刻填兰花图。

底款：钦州王广益造。

剑州陶艺馆藏品

民国·文房笔洗

铭文：李骸球作于省立十二中。刻马蹄图。无底款。

长沙夏勇先生藏品

民国·文房小水盂

尺寸：高3 cm，宽8 cm。

刻填花卉图。

剑州陶艺馆藏品

民国·窑变松柏笔筒

尺寸：高12 cm，宽8 cm。

铭文：收罗管城耕栽砚，田
凤梧仁兄属书，民国十九年
（1930年）光祖于钦江天涯亭
畔。刻填松柏图。

底款：钦州会春。

广州陈强先生藏品

民国·花卉印泥盒

铭文：丁巳（1917年）秋月尉
文作于古安州之天涯亭畔。
刻填花卉图。无底款。

剑州陶艺馆藏品

2. 民国时期坭兴陶兴盛与衰落

（1）坭兴陶行销各地。

民国初期，钦州永春药房主人梁公远（穗人）是钦州坭兴陶香港销售的第一人，他大量购买坭兴陶运到广州、香港销售。另一人是钦州人罗怀璇，他利用自己往返香港的货船运送大批坭兴陶到香港销售。在他们二人推动下，钦州坭兴陶畅销香港、澳门、广州和上海等地，现今香港、澳门、上海等地的"钦州街"皆与坭兴陶在此地流传有关。此时坭兴陶还通过越南远销东南亚各国。1937年，日军用军舰封锁中国海岸，内地与香港交通中断，致使钦州坭兴陶无法销售到香港。

（2）民国时期坭兴陶的衰落。

1939年11月，日军进犯钦州，对钦州坭兴陶产业造成毁灭性打击。当时坭兴陶作坊以及坭兴陶制作的工具和产品，均被摧残殆尽，百姓四散逃命，坭兴陶艺人也远走他乡，坭兴陶完全停产。抗战胜利后，坭兴陶艺人也是一贫如洗，且产品无销路，偶有一二家庭制作，也只是自产自用。全国解放前，坭兴陶老艺人相继离世，使这个传统工艺一度中断，处于奄奄一息的境地。

3. 越南芒街窑口

1885年，中法战争结束，清政府与法国签订《中法新约》，承认法国与越南订立的条约。越南沦为法国殖民地，法国文化对越南民众生活产生了巨大的影响。越南被法国殖民统治80余年，很多法国人的生活习惯，已经深深地融入了越南本土民众的现实生活之中。我国东兴口岸对面的越南芒街，是钦州坭兴陶的一个分支窑口，为了贸易关税，钦州福有祥、裕盛隆、兴茂、广生隆等商号分别在清朝晚期及民国晚期选择到法国的"海外领地"越南芒街开设工坊，将钦州炼制好的泥料运到越南芒街制作坭兴陶，借用当地窑口进行搭烧，利用"海外领地"特殊政策，通过海上贸易向法国及欧洲其他国家出口了大量的坭兴陶商品。特别是从海外回流由广生隆生产出口手刻"PK"款的坭兴陶器居多。据考证，PK款其实就是"潘刻"的意思，是潘允兴的后人潘镜光所制作的器皿。由于日本发动侵华战争，时局动荡，潘镜光带上他的广生隆商号搬到了越南芒街继续制坭兴陶。

日军进犯钦州后，钦州坭兴陶产业进入休眠状态，而越南芒街窑口仍继续生产，从未间断过，直到1947年，由于材料消耗殆尽，最终停止生产。

可以说，越南芒街窑口的坭兴陶通过海上贸易向法国及欧洲其他国家出口了大量的坭兴陶商品，是19世纪至20世经初中国海上丝绸之路的见证者。

民国·人物纹套装壶

铭文：己卯（1939年）春月作。壶身刻浅浮雕老者。

底款：PK（手刻款）。

剑州陶艺馆藏品

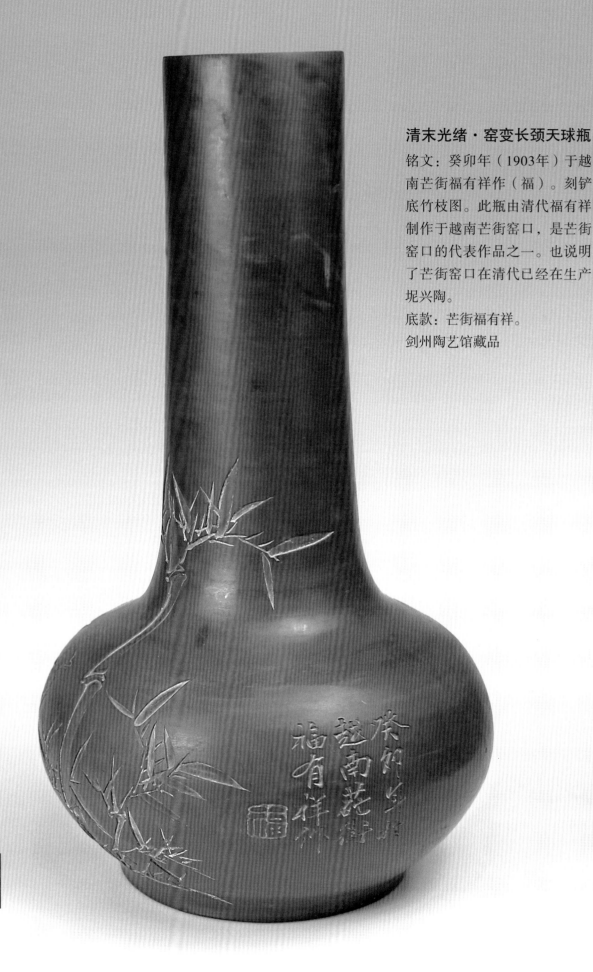

清末光绪·窑变长颈天球瓶

铭文：癸卯年（1903年）于越南芒街福有祥作（福）。刻铲底竹枝图。此瓶由清代福有祥制作于越南芒街窑口，是芒街窑口的代表作品之一。也说明了芒街窑口在清代已经在生产坭兴陶。

底款：芒街福有祥。

剑州陶艺馆藏品

民国·窑变手执壶

铭文：时在壬午（1942年）
冬月作。另一面刻老者阅书
图。此雕刻为潘镜光作品。
底款：PK（手刻款）。
剑州陶艺馆藏品

民国·铺首三足镂空香炉

尺寸：宽15 cm，高15 cm。
炉身镂空，刻葡萄。
底款：PK（手刻款）。
剑州陶艺馆藏品

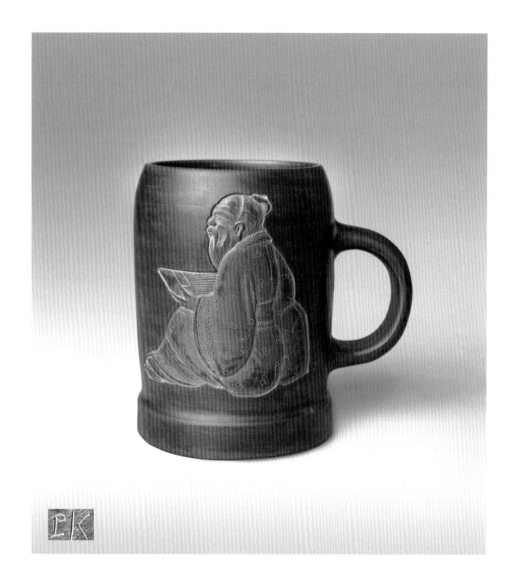

民国·窑变咖啡杯

铭文：时在戊寅（1938年）季冬
月作。刻浅浮雕老者阅读图。

底款：PK（手刻款）。

上海藏友藏品

民国·双层镂空龙纹盘口瓶

尺寸：高46 cm，瓶口13 cm。

铭文：壬午年（1942年）季春月作。瓶身刻镂空龙云纹。

底款：PK。

剑州陶艺馆藏品

民国·窑变葵口瓶

铭文：丁丑年（1937年）春于古安
州作（窑）。刻填松鼠葡萄图。

底款：联合祥。

广州李景贤先生藏品

民国·东坡玩砚窑变葵口瓶

一面铭：时在丁亥（1947年）仲春月作东坡玩砚。刻浅浮雕东坡玩砚图。另一面铭："元旦书怀，强将汤酒送残年，坐拥书城醉欲眠，物侯尽浓时序改，兴亡却在望中迁，鸡虫得失何须问，汗马勋劳待策鞭，卜筑江千聊养晦,冬供未兮久流连。建国卅七年元旦日为，吾兄荣膺建设科长。"此瓶目前是见到过的民国器皿中时间最晚的一款，是一只有着纪念意义的实物标本器。无底款。

剑州陶艺馆藏品

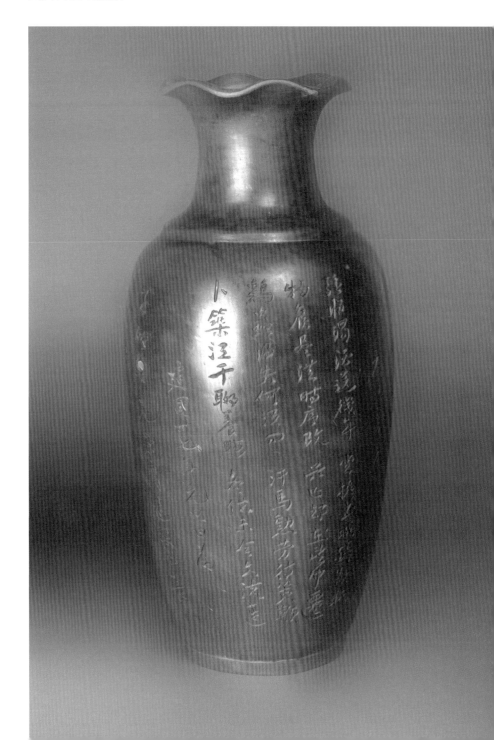

（三）现代坭兴陶

1. 坭兴陶焕发生机

当代钦州坭兴陶的发展，其生产形式、产品种类以及生产状态的起伏也更多地与体制变革紧密联系，从20世纪50年代初的坭兴陶产业复苏，到60、70年代的产业停滞，再到改革开放后的多样经营，以及21世纪前十年的保护传承，创新发展。坭兴陶在当代的发展，反映出坭兴陶产业对外在环境的应变能力，又体现了坭兴陶发展道路的坎坷。1949年10月，中华人民共和国成立，因战争原因而停滞的坭兴陶业重新获得复苏机遇。但由于社会环境的转变和产业体制的变动，坭兴陶的复苏历程经历了曲折反复。在国民经济第一个五年计划开始之际，钦州党政领导十分重视恢复坭兴陶烧制业的生产工作。政府派遣工作人员对从事坭兴陶烧制的老艺人进行逐一走访，鼓励和动员他们恢复坭兴陶的烧制。

1956年4月，恢复坭兴陶的烧制，旧竹巷的老艺人李四达开始试点生产。同年10月，广东钦县坭兴工艺厂（钦州当时属于广东辖区）正式成立，属集体所有制企业。车工颜干卿、刨工章国良、雕工潘镜光、黎启铨等人共同努力，恢复采用缸瓦窑附烧坭兴陶的方法，同时，积极筹划建造专门烧制坭兴陶车间。

1958年7月，政府拨款4.5万元，在钦江桥畔兴建新厂房和窑口，并正式转为国营企业。10月，坭兴陶迁入新厂，坭兴陶摆脱长期在缸瓦窑附烧的历史。在加强硬件设施建设的同时，政府还重视完善各种设施和技术人才培养，逐渐建立起一支懂得和了解坭兴陶烧制工艺技术的队伍，包括车工颜干卿，烧窑工卢大、袁三、颜六、颜七，刨工李真愚，雕工范念堂、黎启铨、李四达、李照元、潘镜光、潘建三、颜钊明等。1958年，颜干卿出席全国工艺美术老艺人代表大会，受到朱德等中央领导人的接见。1959年，政府投资20万元扩建了厂房，职工人数也增加到200人。烧制的坭兴陶类型以花瓶、茶具为主，国内外均有销售，但由于生产技术与管理的落后，产品多有积压滞销现象。①

1962年8月，钦县坭兴工艺厂下放手工业局管辖，改为集体所有制企业，产品以煲、盆、缸等日用粗陶为主，坭兴工艺品较少。但在烧制坭兴陶上仍取得一些工艺成果，1965年，钦县坭兴工艺厂烧制的《茶花蒲草盆》《如意盆景盆》《白花蒲草盆》等坭兴陶在广东湛江专区举行的第三届工业产品质量评比大会上，均被评为一等产品，展示了坭兴陶恢复烧制后的质量和水准。

到了20世纪60年代中叶，钦州坭兴陶烧制业虽然举步维艰，道路坎坷，但毕竟恢复了生产，延续了坭兴陶生产技艺的传统脉络。

然而到了1966年，坭兴陶业受到严重的冲击。1969年1月，钦县坭兴工艺厂与钦州纸厂合并，转产包装纸。②

1972年4月，钦县坭兴工艺厂与钦州纸厂分开，恢复坭兴陶的生产。在恢复坭兴陶烧制时，全厂只有职工50人，但做了三个方面的恢复工作，使得坭兴陶厂发展迅猛。

一是投资建造了成型车间、原料车间、包装车间、陈列室、电机房、燃料仓库、倒焰窑、窑房、24米高和40米烟囱等一批厂房和配套设施。

二是抓人才培训，把厂内办班与出外学习、邀请专家相结合起来，培养了一批工艺美术设计人才。

三是对生产工艺技术进行了重大改革。在设备上，引进了压滤机、真空练泥机和压坯机成型，工效得到提高，并改龙窑为倒焰窑、隧道窑和电窑，大大提高生产效率。③

① 颜穗娟. 广西钦州市坭兴工艺厂[C]. 饶任坤. 广西著名企业创业史，南宁：广西人民出版社，1994：90.

② 颜穗娟. 广西钦州市坭兴工艺厂[C]. 饶任坤. 广西著名企业创业史，南宁：广西人民出版社，1994：91.

③ 颜穗娟. 广西钦州市坭兴工艺厂[C]. 饶任坤. 广西著名企业创业史，南宁：广西人民出版社，1994：91-92.

1973年，钦县坭兴工艺厂"工艺美术领导小组"成立，并聘请广西工艺美术研究所的孙英、周清宜、平友舜等陶瓷美术专家多次来厂指导并参加创作。1978年，在"工艺美术领导小组"基础上设立了"坭兴工艺研究室"。1979年，钦县坭兴工艺厂职工发展到300多人。1980年，市二轻局招收部分新工人，将原钦县坭兴工艺厂扩建，新增钦县坭兴工艺二厂。该厂产品1980年获国家优质产品银质奖，1988年获全国轻工业优秀出口产品金牌奖。

由于坭兴陶的再生，招徕了远洋顾客，加上交通运输方便，货物容易远销。所以东南亚、欧美各国顾客纷至沓来，订购钦州坭兴陶。由于坭兴陶是经香港转运各国，从此钦州坭兴便在香港出了名。

1981年12月21日至1982年1月9日，钦县坭兴工艺厂在香港举办了规模宏大的"广西坭兴陶艺展览"，共展出380多个品种，在尖沙咀和油麻地两处同时展出，在香港引起了很大的轰动。展出期间，除电视台播放了展览实况外，香港《文汇报》《大公报)、《新晚报》《晶报》《商报》《星岛日报》《华侨日报》《成报》《南华早报》等报纸均在显著的位置(并配以坭兴图片)报道了坭兴陶艺展览情况。据报道说：从展以来，"两商场人头涌涌，留连忘返"，尤其所设小卖部，销售甚旺。中外人士络绎不绝，生意甚为兴隆，足见钦州坭兴陶之受港人喜爱和欢迎。

从钦县坭兴工艺厂通过外贸部门订购销售情况看，在1992年有合同11份，订货36.4万件(套)，价值人民币94.9万元；1993年有合同12份，订货28.4万件(套)，价值74.4万元；1994年有合同77份，订货36.1万件(套)，价值109.3万元；1995年有合同79份，订货39.4万件(套)，价值155万元。不难看出，钦州坭兴陶，既有其独特吸引顾客的魅力，也有香港的方便转运，必然前途无量。

陈东，主持恢复坭兴工艺第一人

陈东，1923年出生，广东电白人。在抗战中加入中国共产党，从事武装斗争和党的隐蔽工作。新中国成立后曾任职钦县、湛江地市党政机关，是钦县第一任县长，主持恢复坭兴生产，1992年离休。关于泥兴的故事，听他娓娓道来。

采访陈东同志

坎坷的复兴之路

新中国成立之前，因受外来侵略和内战创伤，坭兴陶濒临停滞甚至失传的危机。

新中国成立后，坭兴陶经历了坎坷复兴之路，获得复苏和新生。

1954—1957年，陈东同志任钦县县长，1956年月曾赴广州参加全国知识分子工作会议，会议传达贯彻中央精神，要求调查并重建民间被埋没的优秀手艺和文化。

回到钦县后，经反复实地调查走访，陈东同志选择了坭兴陶和采茶戏作为钦县优秀民间文化来恢复和重建。陈东同志亲力亲为，并指定统战部的同志配合，负责恢复坭兴陶工艺生产工作。

由于停产太久，民间艺人都已年逾古稀，有的已经作古，有的为了生计东奔西走。陈东同志带队走村串户，动之以情，晓之以理，动员和鼓励老艺人重出江湖，恢复坭兴陶的生产。经过不懈的努力，说动了仅存的6位民间艺人并进行登记造册。

1957年，陈东同志调离钦县，赴灵山上任，坭兴陶产业在后来者的不断努力中蓬勃发展。

道不尽的坭兴情结

1988年4月，陈东同志故地重游，把自己珍藏的于1956年《南方日报》登载的《奇妙的坭兴》文章和首批出口4样产品样品照片底片赠送给钦州坭兴工艺厂。见到由自己组织兴建的钦州坭兴工艺厂不断发展壮大，陈东同志十分欣慰，并赋诗一首相赠："复产坭兴卅二年，重来问讯意欣然。曾经难觅工师艺，却已频开巧匠源。壁挂图腾龙远古，瓶栽桃李水长鲜。铜其色也声金玉，陶路雨花欧亚连。"老人关爱喜悦之情跃然纸上。

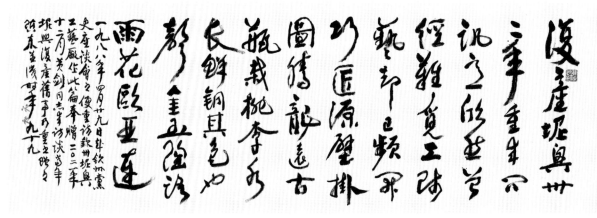

陈东同志为坭兴陶赋诗

　　2021年，时年九十九高龄的陈东老先生依旧神采奕奕，行气如虹，他将几十年前重建坭兴工艺厂的往事为我们一一道来，并为本书题写书名"钦州陶器"。陈东老先生很感慨，他想不到如今坭兴陶这么有名，市场前景如此之好，以致他有时用电脑上网冲浪，竟经常见到坭兴陶产品的广告，他说，对于坭兴陶，我就是选对了题，开了一个头，没想到后来它如此了得。

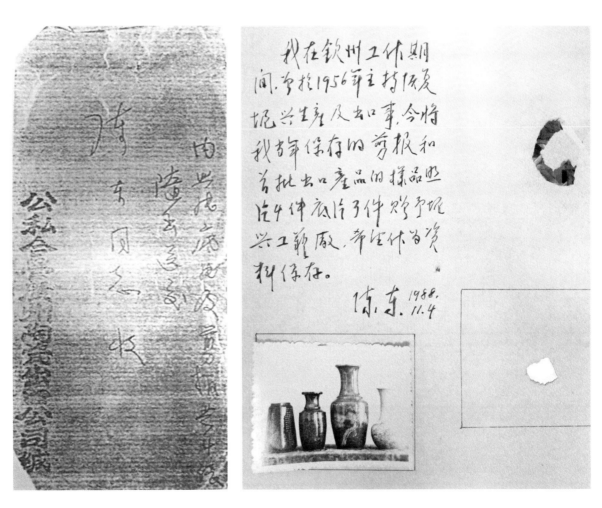

陈东同志赠送1956年出口的坭兴产品的信件

又识当博物馆之长霉问莫士村

全及晨帝古此访至亭畔嗟碑失之

句乃向馆中国观书俯说句京馆书

言似乎仓库内有二碑即往观之

果然一为游戴三字之碑乃一为坡公

像刻像是清人所作莫之不欣喜

乃属馆长找人拓片数月之后印收

到紫薇史赤隹刻坐带来两拓片

全甚珍视之黑学士一语是泛指撰志

城公曾论廉州往访灵钦两地于钦州

121

无五六年主持恢复堤兴生产

二当付寻善产而访寻堤兴老艺

人在世艺僅存六信尝生二人之工艺品

以以复产成功

三个新产品屋接之古龙乃先民

之圉滕也造型古佳

④古评便拡哭有用瓶括花其水之

不具之语

五古诗堆兴又有色以古铜茹如金垂语

六古耐堆哭产如连销歐美颁复世

名

118

陈东同志手迹

2. 现代坭兴陶作品赏析

（1）50年代—60年代。

50年代·窑变竹段手执壶

铭文：广东钦县坭兴厂造，一九五七年。刻竹梅枝图。无底款。

太和陶园藏品

50年代·手执壶

壶身刻梅枝图。

太和陶园藏品

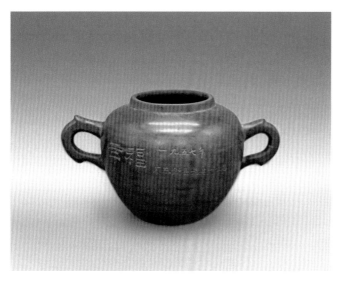

50年代·茶叶罐（缺盖）

铭文：幸福，一九五七年广东
钦县坭兴厂出品。此罐为1956
年12月试产的第一批产品。
钦州潘信先生藏品

50年代·海棠壶

壶身刻兰花，另一面刻山水
图。无底款。
太和陶园藏品

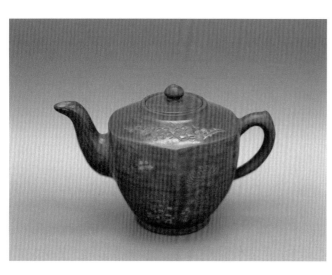

50年代·六方茶壶

无铭文，刻梅枝图。
钦州潘信先生藏品

50年代·荷雀瓶

铭文： 广东钦县坭兴厂造，
一九五七年。刻荷雀图。此瓶为
1956年12月试产，1957年钦州坭兴
陶建厂后的第一窑。无底款。
钦州潘信先生藏品

50年代·葵口窑变小赏瓶

无铭文，刻松鹤图。此瓶为钦州坭兴陶神奇窑变一绝，有着蓝器红花之美誉。

底款：广东钦县坭兴工艺厂。

钦州潘信先生藏品

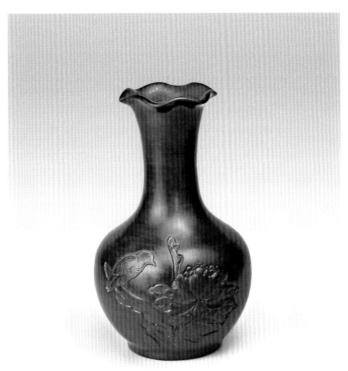

50年代·窑变葵口瓶

此瓶为70年代初期出口产品，刻石雀花
卉图。无底款。

太和陶园藏品

50年代—60年代·窑变填白葵口瓶

此瓶为70年代初期出口产品，刻梅雀。
无底款。

太和陶园藏品

50年代·铺首撇口瓶

此瓶为50年代初期出口产品，刻牡丹图，无底款。

竹里居藏品

（2）60年代—70年代。

60年代·精品软提梁茶壶

刻松鹤图。

手写款：王。

钦州潘信先生藏品

60年代·龙头狮钮手执壶

铭文：福寿。刻福禄寿图。

无底款。

剑州陶艺馆藏品

60年代·三号填白海棠壶

铭文：江山如此多娇，
一九六六年作于钦州坭兴厂。
另一面刻山水图。
钦州潘信先生藏品

60年代·塔形瓜棱壶

蟹眼镶嵌。刻填白浮雕铁拐李
醉酒图。作者潘镜光。
钦州潘信先生藏品

（3）70年代—80年代。

70年代·金鱼图茶壶

刻填金鱼图。无底款。

钦州潘信先生藏品

70年代·填泥六六大顺壶

此壶为70年代初期出口产品。

底款：中国制造。

钦州潘信先生藏品

70年代·铺首龙凤镂空瓶

此瓶为70年代初期出口产品，
刻龙、凤镂空图。

底款：中国钦州。

广州汇珍福陶珍藏品

70年代·葵口镂空瓶

此瓶为70年代初期出口产品，
刻龙纹镂空图。

底款：中国钦州。

广州汇珍福陶珍藏品

70年代·四棱梅雀尊

此尊为70年代初期出口产品，
刻梅雀图。无底款。
竹里居藏品

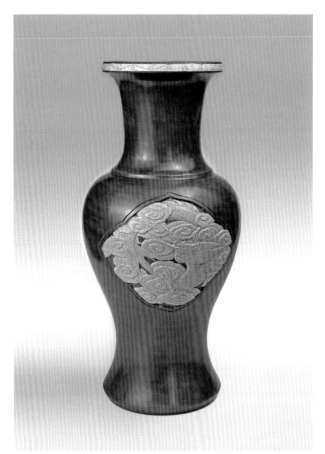

70年代·填白龙凤盘口瓶

此瓶为70年代初期出口产品，
镶嵌填白刻龙凤图镂空瓶。
底款：中国钦州。
太和陶园藏品

70年代·填泥三足水仙对盘

此盘为70年代初期出口产品，
刻填花卉图。无底款。
竹里居藏品

70年代·白花蒲草盆

此盘为70年代时期出口产品，
刻填花卉图花。无底款。
竹里居藏品

70年代·窑变填泥对花盘

此盘为70年代初期出口产品，刻
填花卉图。无底款。

竹里居藏品

70年代·花鸟笔筒
刻花鸟图。另一面刻荷花图。
竹里居藏品

70年代—80年代·填泥笔筒

刻填花卉雀图。

竹里居藏品

70年代·窑变兽首瓶

铭文：东坡玩砚，壬子年
（1972年）于钦州。刻东
坡玩砚图。无底款。
竹里居藏品

（4）80年代—90年代。

80年代·茶叶罐

无铭文，刻填山水图。

竹里居藏品

80年代·龙凤呈祥高装镂空底座茶壶

刻纳福迎祥图。

作者：朱克忠。

钦州潘信先生藏品

80年代·石泉瓜形壶

铭文：石泉辛酉年（1981年）春月于钦州。

钦州潘信先生藏品

80年代·双凤朝阳套装茶壶

刻双凤朝阳图。

钦州潘信先生藏品

80年代·填花卉盆

铭文：松江秋色。

竹里居藏品

（5）90年代至今。

90年代·出口咖啡具
钦州潘信先生藏品

90年代·凤鸡壶
作者：颜昌金。
钦州潘信先生藏品

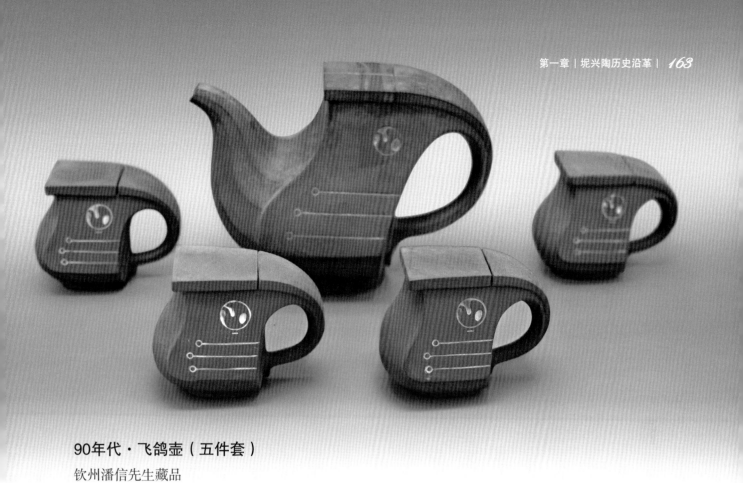

90年代·飞鸽壶（五件套）

钦州潘信先生藏品

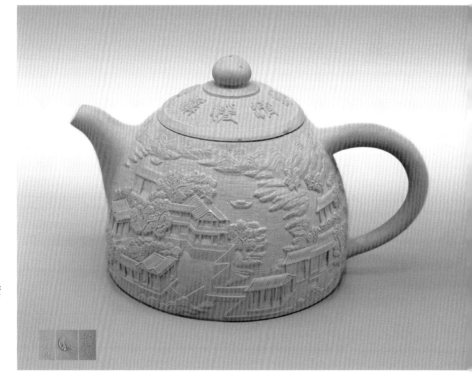

90年代·黄泥壶

刻庭院山水图。此壶为90年代台湾
客商定制的一批黄泥高浮雕茶壶。
底款：乙亥年（1995年）淑艳刻。
钦州潘信先生藏品

90年代·模具注浆壶

钦州潘信先生藏品

第二章 钦州故事

一、钦州古城

（一）古安州

1. 钦州建制沿革

钦州，古称安州，秦始皇三十三年（前214年），秦朝统一岭南，置南海、桂林、象郡。钦州市属象郡辖地。

据民国《钦县县志》记载："开皇十八年，改安州为钦州，取钦江为名。"唐武德五年（622年）改宁越郡为钦州总管府，元改为钦州路，明初改为钦州府。清光绪十三年（1887年）以前，钦州为散州，隶属于府，级别与县相同。光绪十四年（1888年）至宣统末年（1911年），钦州改为直隶州，直属于省，级别与府相同。州署在旧城内（原钦南钦北区院里），设知州一名掌管一州行政，下设史房等机构。

民国年间改为钦县，属广东省钦廉专署所辖。解放后，广东省设钦廉行政专员公署，1951年改隶广西省，1955年复隶广东省。1965年7月再隶广西壮族自治区，改为钦州地区行政专员公署，下辖上思、防城、钦州、灵山、浦北、合浦、北海七个县市。

1983年10月8日，撤销钦州县，设立钦州市，以原钦州县的行政区域为钦州市的行政区域。

1983年10月划出北海县和防城港，1987年7月划出合浦县归北海市管辖，1993年5月防城港市成立，划出防城县和上思县归防城港市管辖。

1994年6月28日，撤销钦州地区、钦州市，设立地级钦州市，新设钦北区、钦南区，市人民政府驻新兴路。

2. 唐宋诗歌里的古安州（钦州）

在唐宋文人的眼里，古安州是与离别、流放分不开的。所以，在清末至民国期间。大量的坭兴陶器皿上出现了古安州的铭文。古安州在当时也是钦州的代名词。

（二）天涯亭

广东的钦州、廉州，自古以"钦廉之地"并称，廉州号称"海之角"，钦州也配合此说，而自称"天之涯"，这是天涯海角的滥觞，钦廉二州，恰好都是坡公过化之地，于是后人分别在廉州建海角亭、在钦州建天涯亭来纪念他。钦州古亭颇多，唯有天涯亭历经900多年而闻名中外。天涯亭位于钦州市中山公园内（重建于1982年），为宋庆历年间知州陶弼始建，因"钦城南临大洋，西接交址，去京师万里，故以天涯名，与合浦之称为海角也"，曾多次迁建，备受历代州官、文人墨客的关注。著名诗人田汉游钦州也为天涯亭赋诗：运河滚滚入湖来，没字危亭草满阶。词客分明怀故里，钦州何必是天涯。

天涯亭初建于城东平南古渡头，明洪武五年（1372年）同知郭携迁城内东门口重建。1935年迁建今址，故又称"宋迹三迁"。亭为平面六角形，边长2.5米，高5米。石柱木构梁架，攒尖顶，琉璃瓦盖。亭南北面檐口悬挂"宋迹三迁"和"天涯亭"木匾。

天涯亭是坭兴陶的见证者，在晚清光绪年间，众多的坭兴陶器皿上，都铭刻有钦江天涯亭畔的款识，也说明了在当时天涯亭是钦州地理标志之一。现代著名书画家齐白石先生曾进行过关系他艺术人生的著名的"五出五归"，其中第三、四、五次的远游目的地，都在当时广东管辖的钦州，在这里结下了"愿风吹我到钦州"的永远难解之缘。白石先生每次登亭游眺时，在天涯亭上写生作画，总不免有点游子之思，曾经刻了一方"天涯亭过客"的印章，以记之。

（三）烟斗巷（胡老六与烟斗器）

钦州县志记载，咸丰年间，胡老六创制吸烟小泥器，精良远胜于苏省之宜兴，由此得名。相传在清朝咸丰年间，钦州城中有陶艺匠人胡老六。仿制浙江宜兴县紫砂陶器，有制陶的好手艺。当时制陶生意很难做，这使他心中十分郁闷。一天晚上，胡老六梦见一个仙风道骨的老者笑着对他说："练泥为玉，煅土为珠。"说完，老者飘然离去。胡老六醒来后，老者言语犹在耳边。他再三思忖，终不得其意。第二天，他外出散心，溜达到城西大坪，不小心跌入水塘中。胡老六起身后，看到手中沾满泥巴，顿时豁然开朗，于是，胡老六仿制宜兴陶器，研制陶器。它采用了当地的陶土。用在宜兴的泥料炼制工艺进行泥料的炼制，用宜兴的制陶工艺制作了吸烟小泥器，之后制作出来的吸烟器比宜兴的还要好，大受市场的欢迎。从此开创了坭兴陶的先河，从粗陶转为精陶，因而胡老六被誉为钦州坭兴陶的鼻祖。听闻坭兴陶资深藏家曾经见过胡老六所制的器皿。

二、文人情怀

（一）齐白石在钦州

齐白石，公元1864年元旦出生于湖南省湘潭县白石铺杏子坞星斗塘一个贫寒的农民家庭。6岁始，断断续续从外祖父周雨若读《四言杂字》《三字经》《百家姓》《千家诗》等启蒙读物，8岁上学堂，不到一年辍学在家，一边放牛，一边自学。13岁当木工学徒，14岁转学雕花手艺，曾临摹《芥子园画谱》真迹，并以此作雕花新样。24岁兼学画肖像，直到27岁才拜当地名人为师。《白石自状略》记载："年二十有七，慕胡沁园、陈少蕃二先生为一方风雅正人君子，事为师，学诗画。"从此，全面学习文人绘画和古代传统经典著作《唐诗三百首》《孟子》、唐宋八大家散文等。继而邀友组建诗社，当起龙山诗社社长，常常与诗友们作诗吟咏。36岁，齐白石承典了距星斗塘五里远的梅公祠的房屋，在祠堂内造一书房，名"借山吟馆"。37岁拜儒家名流王闿运为师，指点写诗作文迷津。38岁以后，齐白石开始离家远游，这就是关系他艺术人生的著名的"五出五归"。其中第三、四、五次的远游目的地，都在当时广东管辖的钦州，在这里结下了"愿风吹我到钦州"的永远难解之缘。

1902年10月初，齐白石应夏午诒、郭葆生之约赴西安，教夏午诒的如夫人姚无双学画。常游碑林、雁塔、牛首山、华清池等名胜，认识著名诗人樊增祥。

1903年初春，夏午诒进京，邀齐白石同行。途中经华阴县，登万岁楼，齐白石作《华山图》；稍后渡黄河，又在弘农涧画《嵩山图》。抵京后，参加由夏午诒发起的陶然亭饯春，齐白石画《陶然亭饯春图》以记其事。6月离京，经天津乘海轮，绕道上海，再坐江轮转汉口，返湘潭。这是齐白石远游的"一出一归"。

1904年春，齐白石同张仲飏应王闿运之约，同游江西南昌。王闿运为齐白石的印章拓本撰写序文，还为他的《借日图》题词。秋日，齐白石返家，这是他的"二出二归"。归家后感吟诗难，改"借山吟馆"为"借山馆"。

1905年，齐白石始摹赵之谦篆刻，他在《白石老人自述》中说："在黎薇荪家里见到赵之谦的《二金蝶堂印谱》，借了来用朱笔勾用，倒和原来一点没有走样。从此我刻印章就摹仿赵叔的一体了。"7月中，齐白石应广西提学使汪颂年之约从家乡赴八桂，游桂林、阳朔名山胜水，广交朋友，忙于作画刻印事宜，认识了蔡锷、黄兴。1906年初，齐白石在桂林有思亲之念，欲归故里，忽接父亲来信嘱咐，寻访在广东从军的四弟纯培和大儿子良元。他行色匆匆，从桂林取道梧州、广州到钦州，意外地得知，两人是家乡友人、钦廉兵备道郭葆生招到钦州他的部队来的。找到了当兵的亲人，齐白石心里放下石头。随后，他被郭葆生盛情留下教如夫人画画，住在钦州镇龙楼，即现在钦州市第一中学所在地。

据白石《寄园日记》载，齐白石对钦州留恋至深，1908年2月，友人罗醒吾（孙中山领导的同盟会会员）约他到广东玩。原想略住几天，转返往钦州，后因家里事情在广州度过了夏天。到了秋天，没住多久，父亲叫他去接其四弟和长子回家，他又赶到了广东。在广州过了年，于1909年正月从海南海口乘法国轮船"海南号"到北海，登上外沙，住在北海遂安客栈，后移居宜仙楼（旧址今在北海沙脊街，解放后改为民建一街56号门牌）。在北海小住六天，坐小船沿海岸去钦州，郭葆生又留他住下，一直到了秋天，才同着他四弟和长子，别了郭葆生。经贵县、梧州、广州、香港去上海、苏杭，九月底才回到家乡。

从齐白石诗、画、印中充分体现老先生对钦州秀美山川、民风特产的喜爱和赞赏，体现他对钦州人民无比眷恋的深厚感情。现在全国各地都在寻访名人大师的足迹。而作为世界文化名人的齐白石三次游访，足留钦州，实属罕见。

钦州曾经是天涯神奇的地方，高山密林的长风，江河海洋的波澜，花鸟虫鱼虾蟹、荔枝龙眼香蕉等多姿多彩的特产，雄伟壮丽的古建筑，吸引了古今中外许多名人的到来。爱美之心人皆有之，齐白石也爱上了钦州之美，自然是一种灵性相通的"心缘"。

齐白石于1906年（光绪三十二年）、1907年（光绪三十三年）和1909年（宣统元年）三次旅居钦州，三次居留的时间加起来将近两年。在1919年最后离开湖南定居北京之前，钦州是齐白石旅居时间最长的地方。齐白石在钦期间，潜心作画150余件，刻印180多方，还不算写生与默写的画稿，他曾经刻过一枚印章，叫"天涯亭过客"印，甚是惊人！只可惜这些作品不知散佚到了何处。1906年至1909年是钦州陶历史上发展比较成熟的时期。钦州陶在钦州也是比较出名的陶器，而且齐白石居住的地方镇龙楼离宜兴巷很近，至今还未发现齐白石先生在钦州陶器上留下的墨宝或者署名，在钦州陶上出现过"石谷""三石""云谷"等让人深思，值得研究。

（选自《齐白石在钦州》，广西社会科学界联合会重点科普读物）。

（二）田汉赋诗赞坭兴

1962年4月，著名戏剧家、国歌歌词作者、诗人田汉到钦州访问。4月22日前往参观钦州坭兴陶工艺厂，在看了形态各异、窑变精美的坭兴陶成品之后，田汉欣然赋诗一首，对坭兴陶大加赞誉。他写下了《题钦州坭兴厂》一诗："钦州桥畔紫烟腾，巧匠陶瓶写墨鹰。无尽瓷坭无尽艺，成功何止似宜兴！"

三、坭兴陶获得的国际奖项

（一）万国博览会夺得金质奖章

1903年至1915年，美国人用了十几年时间凿通巴拿马运河。因此，太平洋与大西洋在运河处贯通，航线的缩短，使美国人感到又受益又风光，决定于1915年召开"庆祝巴拿马运河开航太平洋万国博览会"，以示庆贺，并显示其国力。应邀参加者凡41国，中国亦在其列。坭兴陶第一次在世界上抛头露面。

在广州商人梁公远的积极筹措下，黎家兄弟的山水花瓶终于漂洋过海，被送往美国，在来自世界各地的手工艺品中，黎家兄弟的坭兴陶一举夺得金质奖章。

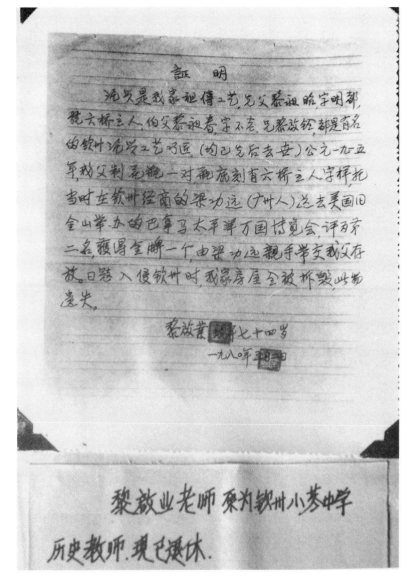

证　　明

　　泥兴是我家祖传工艺，先父黎昶昭，字明都，号六桥主人，伯父黎昶春，字不老。兄黎启铨，都是有名的钦州泥兴工艺巧匠（均巳先后去世）。公元一九一五年，我父制花瓶一对，瓶底刻有六桥主人字样，托当时在钦州经商的梁功远（广州人）（编者注："功"应作"公"）送去美国旧金山举办的巴拿马太平洋万国博览会，评为第二名，获得金牌一个，由梁功远亲手带交我父存放。日寇入侵钦州时，我家房屋全被拆毁，此物遗失。

黎启业，现年七十四岁

一九八〇年三月二日

资料来源：钦州文史资料第八辑。

证明材料原件来自原钦州坭兴工艺厂档案室。

（二）比利时世界陶瓷展览会再获金奖

1930年，比利时王国为了纪念本国独立一百周年，在本国举办了世界陶瓷展览会，符广音坭兴陶作品荣获第一名金质奖章。

关于钦州坭兴陶参加比利时独立百周年世界陶瓷展览
获金牌奖的情况

我祖辈都是从事坭兴生产的，就我所知，父亲潘镜光（已死）是坭兴工艺厂的老艺人，祖父潘东初、曾祖父潘允兴都是坭兴史上的工艺巧匠。我今年65岁，从小就随父学艺。50年前，钦州省立十二中学（校长罗绥章，广州人）的一位孙老师调回广州工作，在钦州"符广音"坭兴店买去一对坭兴花瓶（中山瓶）带回广州，送去参加当时举办的比利时独立百周年世界陶瓷展览，获金牌奖一枚。孙老师从广州转寄一幅红缎到钦州商会，钦州商会请坭兴各店的老者聚会告之。我当时只有十多岁，随祖父一起前往，曾亲眼见过此缎。此物以后一直在商会会长蔡夏廷处保管，后因日寇入侵钦州以后遗失此物。

钦州县坭兴工艺厂 潘建三（65岁）

资料来源：钦州文史资料第八辑。

证明材料原件来自原钦州坭兴工艺厂档案室。

关于钦州坭兴参加比利时独立百周
年世界阅览展览会金牌奖的情况

我祖辈都是从事坭兴生产的。就我所知，
父亲潘镜光（已死）是坭兴工艺厂的老艺人，祖
父潘东初、曾祖父潘允光都是坭兴史上的工
艺巧匠。我今年66岁，从小就随父学艺。50
年前，钦州省立十二中学（校长里绶章、方州人）
的一位孙老师调回广州工作，把钦州"黎广昌"坭
兴花瓶一对坭兴花瓶（中山瓶）带回广州，送
去参加当时举行的比利时独立百周年世界阅
览展览，获金牌奖一枚。孙老师从广州带
寄一幅红缎到钦州商会。钦州商会请坭兴名
店的老者鉴会此宝。我当时只有十多岁，随祖父
一起前往，曾亲眼见过此缎。此幅以后一直商会会
长蒙复廷处保管，后因日寇入侵钦州以后遂失此物。

钦州县坭兴工艺厂 潘建三（66岁）

潘建三同志，现为我泥兴厂
老艺人，擅长雕刻。

民国·四方梭形狮钮壶

铭文：果然夺得锦标归，捷足先得，
辛未（1931年）清和月作于古安州天
涯亭畔。刻浅浮雕民国人物欢庆获奖
果然夺得锦标归，捷足先得的庆祝场
景。此壶记录了庆祝1930年获得比利
时布鲁塞尔世界陶瓷展览会荣获金奖
欢庆场景，以做纪念。

底款：钦州何余音专造时款。

广州陈强先生藏品

第三章

坭兴陶名人传略及作品赏析

一、得天独厚，余韵悠长

钦州地处南疆边陲，古称古越安州，位于广西南部，面临北部湾，是一座具有1400年历史的古城，钦州地理位置独特，有着天然的海港，水路运输十分便利，拥有极佳的外销通道，给坭兴陶带来了发展机遇。"海上丝绸之路"为坭兴陶提供了得天独厚的海运条件。据《广东省志》记载："广东出产的瓷器和丝绸通过海上丝绸之路，大量输往东南亚及中东等国，广东佛山石湾、钦县紫砂陶均有名。"坭兴陶的生成与传承，有其得天独厚的自然环境与根植本土的人文基础。也就是说坭兴陶的发展不仅与地理位置相关，也与钦州人文历史的发展密不可分。晚清广东省通商口岸发达，南下文人密集，文人的参与使坭兴陶迎来了空前的发展机遇。其在器型的审美和刻绘题材上得到提升，出产的产品琳琅满目，无一雷同，从此蜚声中外，英才辈出，薪火相传。

二、名家辈出，各领风骚

《钦县县志·陶冶篇》记载的"自咸、同年间来开设宜兴多附斯窑代烧"情况，说明坭兴陶咸丰、同治年间依旧没有自己的窑口，依旧采用附缸瓦窑代烧的史实。自清光绪年间设钦州道署后，官员、商人来往增多，坭兴陶被这些来往钦州的官员定制，商人带到省外赠送亲友或珍藏。烧制工艺的质变促进了钦州制陶业的发展，清末钦州城里从事坭兴陶的作坊有50多家，而在同治、光绪、民国年间著名的作坊有钦州官窑、黎家造、仁义斋、潘允兴、郑金声、尤醉芳、符广音、王如声、何余音、章秀声、曾万声、黄占香、王者香等名家作坊最为突出，作品都各具有代表性且文艺气息浓厚。

（一）钦州官窑

据《钦县县志》记载："清光绪二十九年（1903年）李象辰来钦做官，曾由官家开设坭兴习研艺所。在其产品的底部有'钦州官窑'小方印。"广西壮族自治区博物馆就收藏一官窑款坭兴陶，在民间收藏中也的确见到不少官窑器。然而，这些底部印有"钦州官窑"字样的坭兴陶实质上与其他陶瓷"官窑"不同，并没有自己的窑口，而是采用器皿代烧方式来烧制。

关于"钦州官窑"器史料，台北广东钦廉同乡会铜鱼文教发展基金会印行、1990年元旦台湾版《钦县志》（台湾续增编）中，有一篇由已故的李体团先生撰写的《钦州坭兴史话》纪实文稿，其中有这样一段记载："制作坭兴陶，开初都只是钦州人私家经营。"

李象辰，字星若，河南祥符县人，清光绪三年（1877年）丁丑科第二甲进士。清光绪二十九年（1903年）二月，任钦州直隶州知州，光绪三十二年（1906年）底，调任潮州府知府，属清代政治人物。曾由官家开设坭兴习艺所。该所生产出的坭兴陶，在产品底部印有"钦州官窑"，为篆体阳文，小方印。此方印有两方，一方比较小，直径1.3 cm，以实物标本对应考证为光绪时期用印；一方比较大，直径1.5 cm，为宣统时期的用印。

目前在民间可知传世坭兴陶"钦州官窑"器多达几十件，"钦州官窑"在光绪末年开始制作，据实物标本考证多为宣统时期制作，中华民国元年（1912年）撤销钦州直隶州置钦县，"钦州官窑"器没落，不再制作。

清末，清政府处于风雨飘摇之中，钦州时局动荡，从1907年至1911年孙中山多次在西南边陲地区举行反清武装起义，其中在钦州有两次，同盟会在钦廉不断进行反清革命活动。在这样的时代背景下，出现钦州州官轮换频繁现象。官府财政紧张，推测钦州"官厂"造办停滞，于是转向民间私人坭兴店定制，由于民间坭兴店厂制陶技艺精湛，品质优良，生产效率高，可以在一定程度上解决官方对坭兴产品需求，为了体现官方用器的特殊性，所定制坭兴器钤盖"钦州官窑"印款为标记。这就是现今发现的"钦州官窑"款实物、外观与同时期的民窑器面貌特征十分相近的重要原因，而仁义斋是官方指定的定制坭兴作坊。

根据众多的实物标本考证，钦州黄"仁义斋"是一家老字号的作坊，其产品质量不亚于"黎家造"，甚至有过之而无不及。钦州黄"仁义斋"与"钦州官窑"关系密切。其制作的器皿在钦州官廨制作，有关"仁义斋"史料不详细，只知仁义斋在当时享有盛誉。"官舍"与"官廨"同义，即是指位于州置的"住廨"，因此可以肯定"官厂"就设立在州置的"住廨"所在地。

"钦州官窑"烧制其实是"官搭民烧"。从同治、光绪时期至民国初年，钦州坭兴陶器和水东缸瓦窑关系密不可分。在地理位置上水东缸瓦窑位于钦城东部，钦江东岸，钦州临江建城，建桥与渡江是同外界连通的关键。钦州江上的来往原来是靠舟渡，即"官府造舟以渡行人"，钦江有平南渡头，东临城东门，对岸是钦州博易场址"大路街"。在老坭兴器上常见的款识"天涯亭"，其原址就在平南渡头，宜兴街与之邻近、相通，清末及至民国时期，坭兴陶正是以钦江为交通水道，连接水东缸瓦窑和临江缓坡龙窑，来来往往将近一个世纪。往事如烟，清末"官窑"器故事正是在这一带上演的。

清末·白泥窑变铺首锥形瓶

瓶身素雅自然，胎质细腻，打磨精良，器身规整，形制精巧，刻填梅枝图。瓶身窑变若隐若现宛若天成，是一件难得的窑变白泥瓶官窑精品。

底款：钦州官窑。

广州李景贤先生藏品

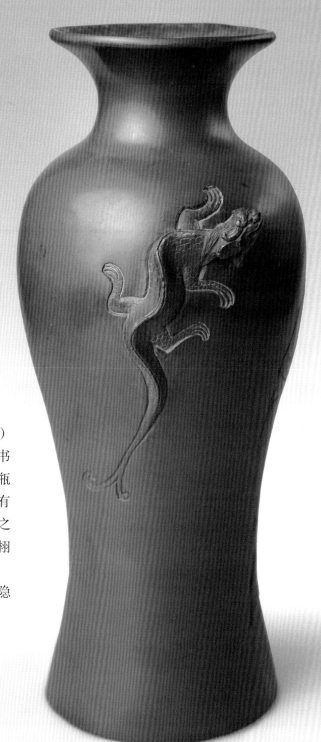

清末光绪·螭龙撇口瓶

铭文：时光绪戊戌（1898年）仲冬对下瀚作于古安半橼书屋。另一面线刻寻梅图。此瓶素雅自然、清新秀丽，莹润有光泽、古意盎然，尽显脱俗之气，瓶身螭龙制作精美，栩栩如生，线条流畅，朴素简单。
底款：大清光绪年制，唐罗隐窑，钦州周雅馨（巧手）。
上海藏友藏品

清末宣统·金钟壶

铭文：兰馥，时辛亥（1911年）清和节作。另一面仿元之笔法刻填读书图。此壶呈猪肝色，泥质细密，油润。器身仿古代钟鼓造型，坯体坚实，比例恰当。简朴古雅、形制端庄大方，神态稳健，在官窑茶壶器里是极为少见的器型，实属难得。

底款：钦州官窑。

剑州陶艺馆藏品

清末宣统·窑变桃纽壶

铭文：品泉，宣统三年（1911年）柞厂制。另一面刻填菊图，壶盖刻填本舌留香四字。此壶窑变自然，泥质细密，油润。大方美观、敦厚饱满、虚实相应，备有神韵。壶盖采用的设置极为少见，是一把不可多得的官窑实物标本。底款：钦州官窑。

广州陈强先生藏品

清末窑变·绞泥金钟壶

无铭文。此壶是一把比较少见的钦州窑素身绞泥壶，泥质细密，油润，器身仿古代钟鼓造型，简朴古雅，粗犷中见规整，素心素面不务妍媚，坯体窑变自然，器型线条饱满、端庄稳健，绞泥纹自然古朴，流存于今实属难得。是珍贵的绞泥器标本。

底款：钦州官窑。

长沙夏勇先生藏品

清末宣统·直筒软提梁桃钮壶

铭文：斗品团香，宣统纪元榴花时节彝庭氏作于钦州官廨。刻填大富贵昌宜瓦当图。此直筒提梁桃钮壶胎质细腻，打磨精良，器身规整，形制精巧，由钦州黄仁义斋制于官廨，颇为少见。该壶从工艺、题材看都是上乘之作，大气磅礴，包浆自然，很是难得，处处都能散发出古典之趣，令人悦然动心。

底款：钦州黄仁义斋。

长沙夏勇先生藏品

清末宣统·兰花帽筒

刻填兰花图。此帽筒素
雅自然、器型流畅、古
朴自然。

底款：钦州官窑。

广州陈强先生藏品

清末宣统·牡丹小口瓶

刻填牡丹图。此瓶泥质细密，
打磨精良、温润如玉，器型古
朴自然、端庄。
底款：钦州官窑。
广州李景贤先生藏品

清末宣统·四方格笔洗

铭文：宣统纪元挹清制自钦州
官廨。另一面刻填兰花、竹
图。铭文：香醮砚池春师古。
此洗采用坭片成型，其方器比
例恰当，整器线条流畅、古朴
自然、实属少见。无底款。
广州陈强先生藏品

清末宣统·窑变葵口瓶

尺寸：高36 cm，葵口11 cm。

铭文：辛亥（1911年）仲夏月中浣日于钦江官舍作（主人）。刻填石菊昆虫图。

此瓶窑变素雅自然、清新秀丽，莹润有光泽、器型优美、简朴古雅、打磨精良，是一件难得官窑器。

底款：钦州官窑。

长沙夏勇先生藏品

清末宣统·窑变帽筒一对

刻填菊花图。此窑变帽筒素雅自然、胎质细腻，打磨精良，器身规整，形制之精巧，颇为少见。该器从工艺、题材看都是上乘之作，大气磅礴，包浆自然，宛若天成，加之品相上佳，又是一对，很是难得。

底款：钦州官窑。

钦州潘信先生藏品

清末宣统·窑变小口尊

铭文：清趣，宣统元年（1909年）香侬制。另一面刻填寻梅图。此尊窑变自然，泥质细密，温润如玉，器型比例恰当，瓶身线条流畅，窑变与画面贯穿，自然天成，融为一体。

底款：钦州官窑。

广州陈强先生藏品

清末窑变·素身天球瓶

此窑变天球瓶素雅自然，胎质细腻，打磨精良，器身规整，包浆自然，宛若天成，清新秀丽，莹润有光泽。

底款：钦州官窑。

广州李景贤先生藏品

（二）黎家园（黎家造）

据《广东建设月刊》第二卷第一期（工商专号），广东省建设厅刊印记载：同业世袭，藉于钦县城东之宜兴街（土名坭兴街），望衡对宇，有二十余家，如广益、新悦兴、吉利、利贞、真裕、真记等，其萃者也。但皆家庭工业，家人妇子间，所谓执技合力，业在其中，东门内十字街口"黎家"乃紫泥陶始创之老房，去今九十八年（道光十四年）前。钦州城东一塾师名黎石芝者，仿浙江宜兴县紫泥瓷器始制，次第扩销，至民国初年为大盛。黎石芝为黎家创始人，其儿子黎昶春（1860—1942年），字纯和，号不老。黎昶昭（1868—1953年），字明都，号六桥。晚清至民国时期钦州著名制陶工匠之一。黎昶春工书善画，精于雕刻，所制坭兴，绘上瓦当、钟鼎、山水人物、花卉、鸟兽，写上篆书、隶书文字，尽态极妍，堪称上乘。1914年章正枢任钦州中学校长时，聘黎昶春为美术教师。此后，黎昶春专职任教，坭兴工艺则由黎昶昭独自经营。黎氏坭兴工艺作坊，设于城内东门十字街（现钦州市粮食仓库）。坭兴制品古朴雅致，雕刻精细，所制的系列陶器作品，器型丰富，器型的创新水平以及工艺难度都是极高的。海外人士，省港客商，络绎登门订货。文人雅士，书画名流，争在坭兴制品上亲笔书画，留下题咏。因此，黎氏的衡门茅舍，顿增光辉。黎昶春与黎启铨以坭兴为业，达四五十年之久。产品均书有"六桥主人刊"并在产品底部烙有黎氏坭兴用款多枚，常用的有钦城黎家造、钦州黎家造。黎昶春手制四方竹笋瓶一只，高尺二。此瓶一面由钦州画家林昶绘陶渊明采菊图；一面由浙江书法家钟碧（在冯子材府幕任文牍）书陶渊明"结庐在人境，而无车马喧。问君何能尔，心远地自偏……"的全篇诗句。笔道道劲，宛如字贴。林画钟书均由先君手刊。由于此瓶书画并佳，刊刻精致，故留下传家。每值腊月岁末，插进桃花，欣欣向荣，花谢结果，累累盈枝，如土中栽种，实为珍品。可惜于1939年，钦州沦陷期间失落了。

清末光绪·钟形壶

尺寸：高10 cm，口径3 cm。

壶身刻浅浮雕清供博古图，另一面刻钟鼎文字图铭：梦华仁兄大
人雅赏弟世清刻赠。壶盖刻永宝用字样。此壶呈猪肝色，泥质细
密，油润。器身仿古代钟鼓造型，比例恰当，敦厚饱满、虚实相
应，备有神韵。壶身线条流畅，壶把采用如意造型设计，壶盖钮
采用仿生石榴设计。此壶体现了当时设计融合创新，与壶身和谐
共处，实属钦州窑难得的一件精美佳品。壶身雕刻精工细作，线
条精美细致，称得上是钦州窑装饰技法的代表之作，是一把难得
的黎家造的精品茶壶。

底款：钦城黎家造。

太和陶园藏品

清末光绪·窑变瓜棱榴钮壶

铭文：壬辰（1892年）季冬作于瓣香精舍茂林刊。刻清供博古图，另一面刻引凤图、茂林写和钟鼎图，壶肩刻人参寿字图，壶盖刻永宝用。此壶是清末黎家造代表作品之一，壶把采用了如意的造型设计，考虑了人体工程学和造型设计的关系。瓜棱壶与嘴、把的关系和谐，古朴大方，温润细腻，整体浑然天成自然有致。线条精美细致，是一件难得的实物标本器，无论是茶壶的造型还是图案的刻画，都是巧夺天工，也说明了黎家造在钦州窑制作水平上确实可称为独树一帜的名家作品。

底款：钦城黎家造。

长沙夏勇先生藏品

清末光绪·竹段壶

尺寸：高10 ㎝，口径3.5 ㎝。

铭文：何可一日无此君，时光绪癸巳（1893年）中秋于天涯亭畔以奉观臣太守大人鉴赏。另一面刻汉半钩长寿铭，延年益寿。此壶呈板栗色，泥质细腻，莹润有光泽，古意盎然。作者对竹题材处理得体，壶身夸张变化，做成一段元竹，造型简练、大方，壶流、壶把前后呼应，竹节明快，构思鲜明，自然生动，夸张得法。尤显得凝重端庄、朴实无华，是一把难得的竹段壶。

底款：钦城黎家造。

剑州陶艺馆藏品

清末光绪·瓜棱壶

铭文：不为酒困，能令诗清，
壬寅（1902年）初秋作于古安
天涯亭畔，茂林写（三石）。
另一面刻石雀图。
底款：钦城黎家造。
长沙夏勇先生藏品

清末光绪·山水瓜棱壶

铭文：仙露，丁未（1907年）
秋作于天涯亭畔。另一面刻山
水田园图。
底款：钦城黎家造。
北海市古安州坭兴陶壶博物馆
藏品

清末光绪·竹段锡把壶

尺寸：高8 cm，口径3.5 cm。

铭文：何可一日无此君，岁戊戌（1898年）秋仲于古安州中屯权次少岐大兄大人清玩为弟郑贤清敬赠。刻兰花图。另一面刻玉泉清品，老者图.。此壶呈板栗色，泥质细腻，莹润有光泽，古意盎然，尽显脱俗之气。作者对竹段壶器型控制得体、比例协调、做工精细、竹段线条流畅，表现有度。

底款：钦城黎家造。

福州老壶周藏品

清末光绪·三思硬提梁壶

铭文：不为酒困，能令诗清，丁酉（1897 年）秋上浣作于天涯亭之公馆 。另一面刻三思图茂林刊（石）。壶肩刻大富贵宜寿考，盖刻竹，永宝用。此硬提梁壶在钦州窑茶壶器当中极为少见。该器从工艺、题材上看都是上乘之作，包浆自然，线条流畅，朴素简单，刻工精美细致，是一把难得的硬提梁壶标本器。

底款：钦城黎家造。

北海市古安州坭兴陶壶博物馆藏品

民国·石铫三叉硬提梁壶

铭文：癸亥（1923年）秋月子休氏作。此三叉硬提梁壶在钦州窑茶壶器当中极为少见，从工艺、题材看都是上乘之作。该壶气势恢宏，神气十足，在坭兴陶制壶运用上也是独树一帜，体现了工匠在当时的一种创造力，也成就了今天的坭兴陶产业。

底款：钦城黎家造。

北海市古安州坭兴陶壶博物馆藏品

民国·太白醉酒纹圆瓢壶

尺寸：高8 cm。

铭文：戊辰（1928年）元月作，奉岳宗姑丈惠存，钰瑞敬赠。另一面刻填太白醉酒图，壶把、壶嘴、壶盖纽均采用方形制作，前后呼应，与壶身融为一体，器型线条流畅、古朴简约、自成法度。是一件难得的民国井栏壶的精品。

底款：钦州黎家造。

北海市古安州坭兴陶壶博物馆藏品

民国·半瓜壶

尺寸：高8 cm。

铭文：癸亥（1923年）四月一连峰制于钦江以留纪念。另一面刻填蔬果图。

底款：钦城黎家造。

广州陈强先生藏品

民国·高井栏壶

尺寸：高10 cm。

铭文：露芽宝山叔台赏玩，民国廿年（1931年）春制于钦州天涯亭畔凤梧敬赠。另一面刻填石竹图，六桥主人刊。

底款：钦州黎家造。

长沙夏勇先生藏品

民国·桃钮瓜形壶

尺寸：高11 cm。

铭文：清品，民国十八年（1929年）冬月鉴制于古安州希明赠。另一面刻填石竹图。

底款：钦州黎家造。

北海市古安州坭兴陶壶博物馆藏品

民国·井栏壶

尺寸：高9 cm。

铭文：甲子（1924年）秋月五庐制于宁越古郡以留纪念。另一面刻填老者图，壶把、壶嘴、壶盖纽采用方形制作，前后呼应，线条流畅，朴素简单，不事任何雕琢，久经历史传承，愈见古拙，是一件难得的民国井栏壶的精品。

底款：钦州黎家造。

藏友藏品

清末光绪·金文纹软提梁壶

尺寸：高10 cm。

铭文：逢原记李适之有蓬莱盏海山螺舞仙螺匏子卮慢卷荷金蕉叶玉蟾儿。

底款：钦城黎家造。

北海市古安州坭兴陶壶博物馆藏品

民国·六方温酒壶

尺寸：高13 cm，长10 cm，宽10 cm。

铭文：红友，戊午（1918年）春月作于古安州六桥主人刊。另一面刻填梅枝图。此壶是一把六方形的温酒壶，也是一把极为少见、工艺难度极高的温酒壶。

底款：钦城黎家造。

长沙夏勇先生藏品

民国·软提梁温酒壶

尺寸：高11 cm。

铭文：一日须倾三百杯，六桥主
人刻。另一面刻老者对饮图。

底款：钦城黎家造。

剑州陶艺馆藏品

民国·高身酒壶

尺寸：高12 cm。

铭文：洁以享祀，无以疑宾，
诚诚恳恳，敬意微伸。另一面
铭文：宝瑜庚申（1920年）留
钦边军次敬摹家训。

底款：钦城黎家造。

长沙夏勇先生藏品

民国·圆珠软提梁壶

尺寸：高10 cm。

铭文：茗战，伯材大兄雅玩，炽宏持赠。另一面刻填钱币瓦当图。

底款：钦城黎家造。

长沙夏勇先生藏品

民国·瓜棱软提梁壶

尺寸：高15 cm。

铭文：夜半茶香梦亦清，己未（1919年）孟秋月六桥主人作于天涯亭畔。另一面刻填山水田园图。

底款：钦城黎家造。

盛志强先生藏品

民国·瓜棱软提梁壶

尺寸：高14 cm。

铭文：诗清都为饮茶多，甲子
（1924年）夏作，为善记大宝
号雅鉴，德修持赠。另一面刻
填梅枝图。

底款：钦州黎家造。

剑州陶艺馆藏品

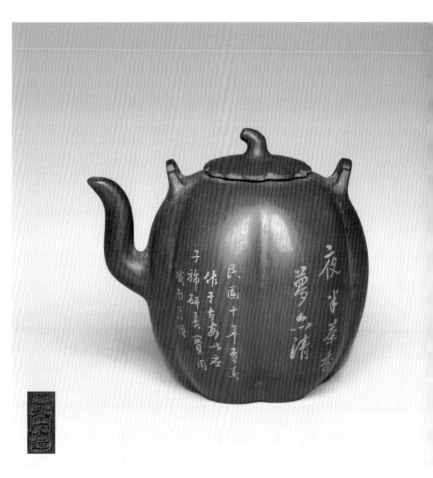

民国·瓜棱软提梁壶

尺寸：高15 cm。

铭文：夜半茶香梦亦清，民国
十年（1921年）孟春作于古安
以应子旆研长宝用炽而敬赠。
另一面刻填菊枝图。

底款：钦城黎家造。

广州李景贤先生藏品

民国·白泥冬瓜瓶

尺寸：高20 cm。

刻填石上老者图，此瓶有白
器红花之美誉。

底款：钦城黎家造。

广州陈强先生藏品

民国·白泥窑变荷花撇口瓶

尺寸：高40 cm，瓶口11 cm。

刻填荷花芦苇图，窑变自然，与画面
融为一体。此瓶有白器红花之美誉。

底款：钦城黎家造。

剑州陶艺馆藏品

民国·白泥人物撇口瓶

尺寸：高40㎝，瓶口10㎝。

刻填人物扶柳图，有白器红花之美誉。此白泥瓶器型硕大，素雅自然、莹润有光泽。该瓶胎质细腻，打磨精良，器身规整，形制精巧，加之品相上佳，很是难得，处处都能散发出古典之趣，令人悦然动心，是一件民国时期不可多得的白泥器精品。

底款：钦城黎家造。

剑州陶艺馆藏品

民国·白泥山水撇口瓶

尺寸：高22㎝。

刻填田园山水图，有白器红花
之美誉。

底款：钦城黎家造。

北海市古安州坭兴陶壶博物馆
藏品

民国·荷花瓶

尺寸：高28 cm。

铭文：莹珊同年赏鉴洲清持

赠。刻填荷花芦苇图。

底款：钦城黎家造。

盛志强先生藏品

民国·山水冬瓜瓶

尺寸：高40 cm，瓶口8 cm。

铭文：桂生大舅父清玩，甥高家姚拜赠。刻填山水田园图。

底款：钦城黎家造。

剑州陶艺馆藏品

民国·石菊铺首瓶

尺寸：高35 cm，瓶口6 cm。

铭文：丁卯（1927年）夏月六桥主人刊。刻填石菊图。另一面刻：家俊处长清玩，梓楠敬赠。有着红器白花之美誉。

底款：钦州黎家造。

长沙夏勇先生藏品

民国·四方棱形瓶

尺寸：高23 cm。

铭文：散氏盘铭文。另一面铭文：己巳（1929年）七月六桥主人刊。刻填山水田园图。此瓶为四方棱形，尺寸小。制作难度极高。采用了传统的拉坯成型工艺，能用手法将其变形制作成方器，传世品极少。其中一只收藏在广州陈家祠，是一件难得的传世标本。西周青铜器文物珍品散氏盘，因铭文中有"散氏"字样而得名。散氏盘造形与纹饰均呈现西周晚期青铜器简约的风格。金文书法此时已进入成熟期，书风已由优美遒丽转入醇厚雄壮。铭文文字线条宛转灵动，有金文之凝重，也有草书之流畅，开"草篆"之端，是研究西周金文重要的材料。

底款：钦州黎家造。

长沙夏勇先生藏品

民国·窑变铺首筒式尊

尺寸：高32 cm。

铭文：雁南吾兄属画，民国十九年（1930年）季仲春手叔苍于天涯名城。刻填田山水青松图。另一面刻填草书：悬针垂露之异,奔雷坠石之奇, 绝岸秃峰之形, 鸾舞蛇惊之态, 雁南先生正之, 天舍生张馨节书谱。此尊素雅自然、清新秀丽, 莹润有光泽、古意益然, 尽显脱俗之气。该尊胎质细腻, 打磨精良, 器身规整, 形制精巧, 釉色细腻, 铺首装饰, 颇为少见。该器从工艺、题材上看都是上乘之作, 大气磅礴, 包浆自然, 宛若天成, 加之品相上佳, 很是难得, 处处散发出古典之趣, 令人悦然动心。

底款：钦州黎家造。

剑州陶艺馆收藏

清末光绪·长颈天球瓶

尺寸：高36 cm。

铭文：赏菊图茂林写。刻菊蟹图。另一面刻吉祥寿考图。

底款：钦城黎家造。

长沙夏勇先生藏品

清末光绪·醉白螭龙尊

尺寸：高30 cm。

铭文：醉白图，乙未（1895
年）仲春作于钦江天涯亭畔
之一枝轩茂林写（三石）。
另一面刻钟铭，鼎铭，爵铭
文字图。此螭龙尊胎质细
腻，打磨精良，器身规整，
螭龙装饰颇为少见。整器设
计协调，器型优美、古朴，
稳重高雅。

底款：钦城黎家造。

长沙夏勇先生藏品

民国·窑变铺首筒式尊

尺寸：高32 cm。

铭文：　中华民国十九年（1930年）仲夏，彭仲作壶尊仲其万年子孙永宝用之，客游天涯督制纪念伯球志。另一面刻填"一苇渡江六桥主人刊"。器身正面绘达摩渡江，西域装束，鬈发卷须，慈眉善目，低头凝视，一手持钵，另一手执竹枝，后挂草履，赤脚踏于芦苇之上。该器窑变自然、气韵素洁、深沉朴茂，是工艺美、内容美、形式美的统一，是一件上乘之作。

底款：钦州黎家造。

长沙夏勇先生藏品

清末光绪·撇口尊

尺寸：高38 cm。

铭文：辛丑（1901年）仲夏茂林氏写。刻竹下息牛图。另一面刻仿博古图式作于天涯亭畔（三石）。

底款：钦城黎家造。

盛志强先生藏品

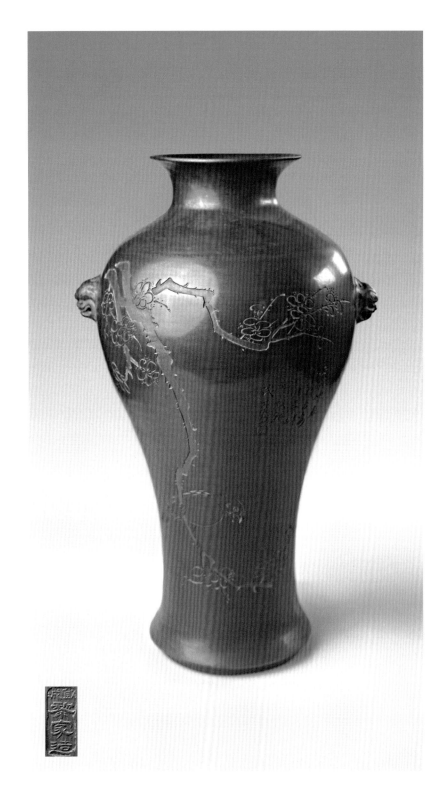

清末光绪·铺首撇口瓶

铭文：含春君，壬寅（1902年）仲春作于古安天涯亭畔之一枝轩茂林写（山人）。

另一面刻铲底梅枝图。

底款：钦城黎家造。

上海藏友藏品

清末光绪·象鼻尊

铭文：换鹅图，丁酉（1897
年）秋八作于钦江天涯亭畔之
一枝轩茂林写。刻换鹅图。另
一面刻富贵昌宜侯王子孙永宝
用图。此尊造型独特，采用象
鼻做耳，在钦州窑器型中极
为少见。该器端庄、稳健高
雅，表现刻绘题材丰富，具有
钦州窑装饰风格特点，采用双
刀技法刻绘，是钦州窑清末时
期精品佳作之一。

底款：钦城黎家造。

长沙夏勇先生藏品

清末光绪·长颈铺首天球瓶

铭文：四时花赛洛阳春。另一面刻古钱币金鼎文图。此瓶装饰刻字采用双刀铲底技法，展现了钦州窑装饰技法的多样性。

底款：钦城黎家造。

长沙夏勇先生藏品

清末光绪·白泥帽筒

尺寸：高31 cm，宽13 cm。

铭文：丁酉（1987年）夏日为明齐宪台大人钧鉴，属吏庄仲英谨绘并刊。此白泥帽筒胎土细腻，光润柔美，直口，筒腹，其上刻绘茂盛挺拔之竹节，竹叶丰茂，直节挺立，犹君子之风。观镌刻款文可知此器为1897年晚清幕僚为进献官宦订制之器。属钦州窑之上品，可遇不可求。

底款：钦城黎家造。

福州老壶周藏品

清末光绪·四方兽足铺首香炉

尺寸：高7 cm，长11 cm，宽7 cm。

铭文：清供博古图，癸巳（1893年）中秋作于杨古轩。另一面刻钟鼎文图。此炉为手制泥片成型。器型小中见大，比例协调。铺首精致，颇为少见，是至今见过香炉中刻工最精美的方器香炉，是钦州窑难得的稀世珍品。

底款：钦城黎家造。

剑州陶艺馆藏品

清末·白泥太白尊水盂

尺寸：底直径8 cm，高3.7 cm。
这是一尊钦州窑白泥太白尊水
盂，身有题字"韩潮"，落款
"伯英制"，纪年：己酉元年
（1909年）。采用拉坯成型、刻
字填红泥打磨工艺。
底款：钦城黎家造。
北海藏友藏品

张伯英（1871—1949年），字勺圃。清代光绪时举人，桐城派学者，是我国近代书法圣手、帖学泰斗，开创了彭城书派。曾由北洋时期风云人物徐树铮推荐入仕，官至段祺瑞北洋政府副秘书长，与孙中山、康有为、梁启超、于右任、罗振玉、郑孝胥及齐白石私交甚密。平生奖掖后学，著名画家齐白石与书法家启功尊称张伯英为先生。据张伯英生平资料记载，1905年至1909年，张伯英入幕段书云（时任广东省高雷阳道台和广东提学使司），随段书云在广东省高雷阳道襄理文牍，后出任广东省学务公所课长。此尊水盂是张伯英于1909年（己酉年）在钦州黎家造作坊所制（当时黎家造是钦州窑顶级的生产作坊），张伯英亲自在水盂上书写"韩潮"二字，落款"伯英制"，"韩潮"即为"韩潮苏海"（指唐朝韩愈和宋朝苏轼的文章气势磅礴，如海如潮）中的"韩潮"，字体朴实秀逸，古拙自然，用笔万毫齐力，圆满峻发，点画所到之处，极具朝揖相让之法，是典型的伯英书体（又称彭城书体）。清代中期文人陈曼生、梅调鼎、子冶等参与紫砂的创作，把绘画的灵空、书法的飘逸、金石的质朴，有机地融进了紫砂壶艺，使紫砂艺术进入了历史上的又一昌盛期，开创了文人紫砂的新纪元。清代晚期由于文人参与钦州窑，制出质地玉润、气韵温儒典雅且寓含着人文精神的产品，符合中国古代以"意""文"为美的儒家主导审美观念，使得钦州窑声名鹊起，亨誉海内外，但是由于百年来战事纷繁、沧海桑田，现在所搜集到的带著名文人手迹的钦州窑物件甚少，此尊水盂的浮现，特别是带有节高气正的书法大家张伯英的书法遗迹，对钦州窑来说无疑是个天大的荣耀，是文人参与钦州窑一个强有力的佐证，更使钦州窑在历史发展地位与档次上有了质的提升。

清末光绪·白泥笔筒

尺寸：高13 cm，宽8 cm。

铭文：笔墨精良人生一乐，戊戌（1898年）春日作于天涯亭畔茂林（片云）。

另一面刻琴书自娱（三石）图。

底款：钦城黎家造。

长沙夏勇先生藏品

民国·白泥笔洗

尺寸：高7 cm，洗口10 cm。

通过与同时期制作的白泥器皿的落款及器型对比，判断为民国早期制作。

底款：钦城黎家造。

长沙夏勇先生藏品

清末光绪·小水盂

尺寸：高4 cm，口宽5 cm。

铭文：钦州丁未六月兰月制。

底款：钦城黎家造。

竹里居藏品

清末光绪·铺首温酒盅

铭文：钓诗钩，扫愁帚，兴到情恬，一壶觳否茂林写。另一面刻老者图。

此温酒盅素雅自然、清新秀丽，莹润有光泽、古意盎然，尽显脱俗之气。胎质细腻，打磨精良，器身规整，形制精巧，釉色细腻，铺首装饰，颇为少见。

底款：钦城黎家造。

长沙夏勇先生藏品

（三）仁义斋

钦州黄，仁义斋，既是堂号，又是人名。黄仁义（生卒年不详），晚清至民国时期钦州著名制陶工匠之一，所制的系列陶器作品很多，据考证，钦州黄"仁义斋"是一家老字号的作坊，其产品质量不亚于"黎家造"，甚至有过之而无不及。钦州黄"仁义斋"与"钦州官窑"关系密切。其部分制作的器皿在钦州官廨制作，有关"仁义斋"史料不详细，可知仁义斋在当时享有盛誉。钦州黄"仁义斋"的作品至今仍是各钦州坭兴陶藏家竞相收藏的陶器。黄仁义一生用款多枚，常用的有钦州黄、仁义斋等。

民国·瓜棱软提梁壶

尺寸：高12 cm，宽11 cm。

铭文：霞脚，民国三年（1914年）秋九月寿南置。另一面刻填葡萄狸猫图。

底款：钦州黄仁义斋。

长沙夏勇先生藏品

清末光绪·金钟软提梁壶

尺寸：高15 cm，宽11 cm。

铭文：金沙。另一面铭文：时丙午（1906年）初秋于古安仁斋作（仁斋）。刻老者图。此金钟软提梁壶器型比较少见，仿古钟造型，简朴古雅，粗犷中见规整，素心素面，不务妍媚，形制端庄大方，神态稳健。

底款：钦州黄仁义斋。

剑州陶艺馆藏品

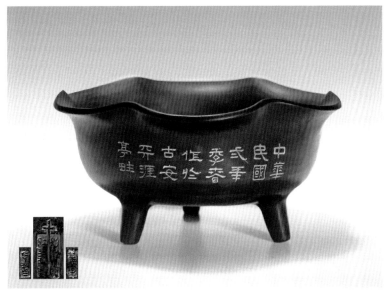

民国·窑变葵口三足水仙盘

尺寸：高7 cm，葵口15 cm。

铭文：中华民国二年（1913年）季春作于古安天涯亭畔。另一面刻填竹林小溪图。

底款：钦州黄仁义斋。

剑州陶艺馆藏品

清末光绪·撇口瓶

尺寸：高40 cm，宽12 cm。

铭文：时癸卯（1903年）冬月于古安

仁斋涂作（仁斋）。刻松下老者图。

底款：钦州陈奇声。

福州老壶周藏品

民国·白泥兰花瓶

刻填兰花图。

底款：钦州黄仁义斋。

剑州陶艺馆藏品

民国·山水葵口花瓶

铭文：戊辰年（1928年）仲
春月之初于古安州作。刻填
山水田园图。

底款：钦州黄仁义斋。

福州老壶周藏品

民国·梅枝耳瓶

铭文：法良意美事理心清，步云庭长赏鉴，丁卯（1927年）春谭人伟在钦县分庭搓予任内公馆作此持敬赠。另一面刻填山水田园图。

底款：钦州黄仁义斋。

广州汇珍福陶珍藏品

民国·梅枝雀瓶

铭文：江南无所有，聊寄一枝春，余客旅钦江作于古安天涯亭畔，时在壬子（1912年）元年仲秋节日祖庚用留纪念（祖庚）。另一面刻填梅雀图。

底款：钦州黄仁义斋。

上海藏友藏品

民国·梅雀撇口瓶

尺寸：高40cm，口径11cm。

铭文：庚申年（1920年）初秋月于古安州作。刻填梅枝雀图。此瓶包浆自然，宛若天成，加之品相上佳，很是难得，处处都能散发出古典之趣，令人悦然动心。

底款：钦州黄仁义斋。

太和陶园藏品

民国·窑变铺首尊

铭文：庚午（1930年）端阳
节作于古安天涯亭畔。另一
面乐琴书以消忧，刻人物。
底款：钦州黄仁义斋。
盛志强先生藏品

（四）潘允兴

潘允兴（1834年前后出生），清末广西钦州制陶名家，清末时期钦州窑著名制陶工匠之一，所制各陶器用料考究，品质优良，器型优美，做工精良，其部分陶器与儿子潘东初合作完成，但存世的器皿不多。其系列陶器作品，至今仍是各钦州坭兴陶藏家竞相收藏的对象。《钦县县志》记载："钦有宜兴各器之由来，始于咸丰间，胡老六创制吸烟小泥器，精良远胜于苏省之宜兴，由此得名。厥后潘允兴、尤醉芳、郑金声，相继而出。"从地方志说明了潘允兴在钦州陶制陶地位之高。

潘允兴一生常用款有"钦州潘允兴"等。

儿子潘东初（1854—1927年），擅长雕刻，雕刻出来的浅浮雕花鸟山水画以及古装人物画，惟妙惟肖，精妙绝伦。

孙子潘镜光（1886—1967年），继续传承坭兴陶技艺，是钦州县第一届政协委员，1960年被授予"优秀老艺人"称号，并出席全国工艺美术老艺人大会。是当时公私合营后的老艺人，当时报刊有多次报道。

曾孙潘建三（1915—1983年），当时坭兴陶行业最有代表性的优秀老艺人，当时报刊有多次报道，是钦州县第一届、第二届人大代表。潘镜光和潘建三均是钦州坭兴陶艺的一代宗师，钦州国营坭兴陶厂创始人之一。

玄孙潘云清是钦州坭兴陶非遗传承人，中国工艺美术家协会会员，省级工艺美术大师，从事陶艺40年，深得祖父潘镜光和父亲潘建三的真传。

清末光绪·醉太白桃钮壶

刻醉白图。另一面铭文：作父
辛尊彝右父辛彝铭五字。

底款：钦州潘允兴。

北海市古安州坭兴陶壶博物馆
藏品

清末光绪·瓜棱壶

铭文：时光绪庚子（1900年）
作于淡风月小轩东初刊。另一
面刻浅浮雕清供博古图。此壶
是潘允兴难得的手持瓜棱壶，
更难得的是两父子合作，潘东
初是潘允兴的大儿子，擅长雕
刻。此壶呈猪肝色，泥质细
密、油润，更添文雅之气。整
器用料精致，线条流畅，朴素
简单。

底款：钦州潘允兴。

长沙夏勇先生藏品

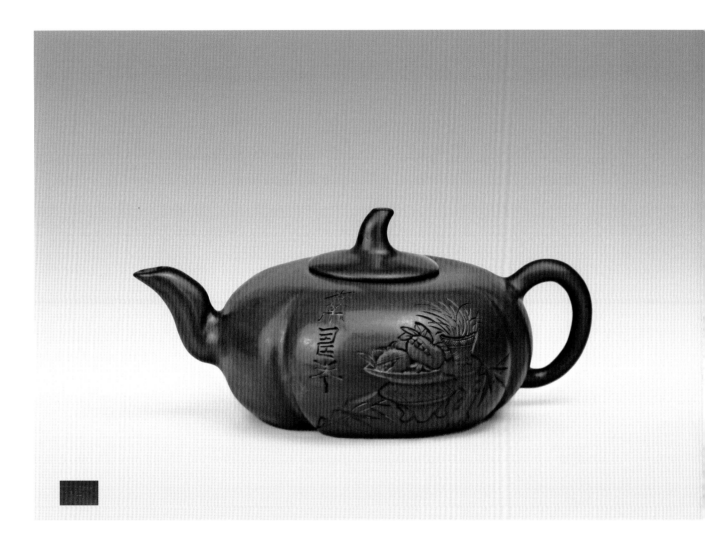

清末光绪·瓜棱扁壶

铭文：时光绪作于古安州图东初刊。另一面刻吉祥寿考浅浮雕清供博古石榴图。此壶是潘允兴难得的手持瓜棱壶，更难得的是两父子合作。此壶素雅自然，胎质细腻，打磨精良，器身规整，壶式古雅，制作精细，整体浑然天成，自然有致。雕刻构图精细，具有典型的潘氏风格。

底款：钦州潘允兴。

太和陶园藏品

清末光绪·博古纹石榴钮软提梁壶

铭文：子孙宝用，作于古安春月渐赏心。另一面吉祥寿孝，刻清供博古图。

底款：钦州潘允兴。

北海市古安州坭兴陶壶博物馆藏品

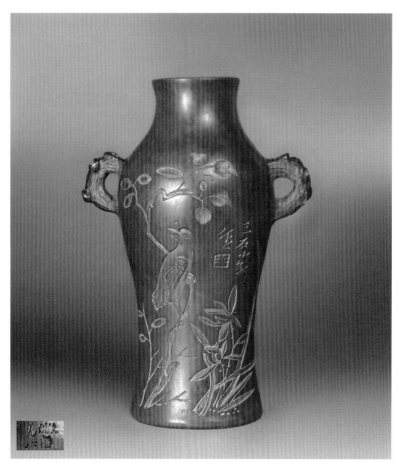

清末光绪·吉祥梅枝耳瓶

铭文：吉祥。另一面刻花卉雀图，三石小轩作。

底款：钦州潘允兴。

桂林蒋文利先生藏品

（五）郑金声

郑金声（生卒年不详），晚清至民国时期钦州著名制陶工匠之一，所制各陶器用料考究，品质优良，器型优美，做工精良，其系列陶器作品，至今仍是各钦州坭兴陶藏家竞相收藏的对象。

《钦县县志》记载："钦有宜兴各器之由来，始于咸丰间，胡老六创制吸烟小泥器，精良远胜于苏省之宜兴，由此得名。厥后潘允兴、尤醉芳、郑金声，相继而出。"从地方志说明了郑金声在钦州陶的地位之高。

郑金声一生用款多枚，常用的有"金声""钦州郑金声""郑金声巧手"等。

清末同治·六方手执壶

无铭文。此款壶为清末同治十三年（1874年）制作的一款手拍成型的六方手执茶壶，为钦州陶早期的作品，延续了江苏宜兴紫砂陶的成型工艺，选用钦州本土陶泥制作，是一把极为罕见的手工制作拍泥片成型的六方茶壶，也是坭兴陶从手拍泥片成型制作演变为后期拉坯成型的代表作品之一，显示了先辈们在坭兴陶制作和研究过程中对泥料的掌握。由于泥料的收缩比大，导致成品容易变形，烧成率极低，所以在后期的工艺成型中采用拉坯成型的技艺。

底款：钦州郑金声甲戌（1874年）。

北海藏友藏品

清末光绪·牡丹花纹柱础壶

铭文：岁在光绪丙申（1896年）冬十月作于古安州。壶把、壶嘴、盖纽采用方型制作，前后呼应，壶身流把搭配恰当，比例合度，是一件难得的清末光绪柱础壶的精品。

底款：钦州郑金声巧手关俊氏。

北海市古安州坭兴陶壶博物馆藏品

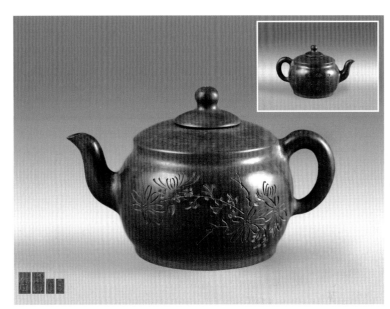

清末光绪·菊纹石鼓壶

铭文：乙酉（1909年）仲春作于
钦州一枝轩。另一面线刻菊图。
底款：钦州郑金声巧手。
北海市古安州坭兴陶壶博物馆藏品

清末·素身虚扁壶

此壶是一件比较少见的素身扁
壶，整器用料精致，线条流畅，
朴素简单，愈见古拙，有淡雅清
逸之意趣。
底款：钦州郑金声巧手。
北海市古安州坭兴陶壶博物馆藏品

清末光绪·竹段壶

铭文：丁酉（1897年）小阳春作于半椽书室。线刻竹子图。

底款：钦州郑金声。

剑州陶艺馆藏品

清末光绪·钟形壶

尺寸：高10 cm，口径3 cm。

铭文：右伯女鬲铭，丁酉（1897年）初冬作于一枝轩。另一面线刻菖蒲书籍图。此壶呈猪肝色，泥质细密，油润。器身仿古代钟鼓造型，坯体坚实，比例恰当，整器用料精致，线条流畅，朴素简单。

底款：钦州郑金声。

北海市古安州坭兴陶壶博物馆藏品

清末·瓜棱手执壶

尺寸：高9 cm，宽14 cm。

铭文：吉祥寿考仲冬月作。刻
石菊图。

底款：金声。

剑州陶艺馆藏品

民国·窑变桃钮壶

尺寸：高7 cm，宽11 cm。

铭文：饮和辛酉（1921年）仲
冬月作。另一面刻填花卉图。

底款：钦州郑金声。

剑州陶艺馆藏品

民国·窑变仿生桃形桃钮壶

尺寸：高12 cm，壶口3 cm。

铭文：仙品，民国六年（1917年）仲夏中浣之吉华景为纪由钦制赠。壶身莹润有光泽、古意盎然，尽显脱俗之气。该壶仿生桃形制作，采用了手工拉坯成型，制作难度极高，生动形象，胎质细腻，打磨精良，器身规整，形制精巧，线条流畅，朴素简单，是一把难得的郑金声窑变桃子壶。

底款：金声。

长沙夏勇先生藏品

清末·橄榄小水盂

尺寸：高10 cm。

铭文：锡三贤表侄清玩，子芳持赠（子）。线刻菖蒲菊枝图。

底款：钦州郑金声巧手。

剑州陶艺馆藏品

清末光绪·清供博古笔筒

铭文：琴书乐甲午（1894年）
仲夏月作。刻富贵昌铭五字
图。另一面刻大吉昌洗铭六字
图，美俊氏写，刻浅浮雕清供
博古图。

底款：钦州郑金声巧手。

长沙夏勇先生藏品

清末光绪·水仙盘

尺寸：高7 cm，口宽14 cm。

铭文：琴书自娱。刻琴书图。
另一面刻中骓父敦铭六字。

底款：钦州郑金声巧手。

长沙夏勇先生藏品

清末光绪·人物采菊帽筒

尺寸：高33 cm，宽14 cm。

铭文：采菊图，光绪乙未（1895年）冬于古安直道轩作。线刻人物采菊图。

底款：钦州郑金声巧手。

剑州陶艺馆藏品

清末光绪·芭蕉赏石冬瓜瓶

铭文：光绪甲午（1894年）春月作器身。刻芭蕉赏石图案，并有铭文"光绪甲午春月作"，画面构图饱满，观之觉清雅大方。另一面刻吉祥（花）寿图。足底内钤印"郑""金声"。此瓶古拙中透着清雅，放置案头，可谓欣赏佳物，置入花束，更美不胜收。

上海藏友藏品

民国·山水葵口观音瓶

铭文：己未（1919年）仲
春月上浣，颂升兴贤，舅
父大人赏鉴，钟伯培敬
赠。线刻山水图。

底款：郑金声。

盛志强先生藏品

民国·山水撇口大赏瓶

铭文：丙寅年（1926年）季冬
月于古安州之天涯亭畔作（山
人），刻填山水田园图。

底款：金声。

北海市古安州坭兴陶壶博物馆
藏品

（六）尤醉芳

尤醉芳（生卒年不详），清末时期钦州著名制陶工匠之一，也可称之为制壶名家，但时常也制作一些器皿，以做壶为主，对制壶颇有研究，所制的茶壶作品用料考究，品质优良，器型优美，做工精良，但存世的器皿不多，至今仍是钦州坭兴陶藏家竞相收藏的对象。《钦县县志》记载："钦有宜兴各器之由来，始于咸丰间，胡老六创制吸烟小泥器，精良远胜于苏省之宜兴，由此得名。厥后潘允兴、尤醉芳、郑金声，相继而出。"从地方志说明了尤醉芳在钦州陶制陶地位之高。尤醉芳一生常用款有"钦州尤醉芳""尤醉芳"等。

清末·瓜棱小品壶

壶肩铭文：富贵昌宜侯王。刻竹枝图。盖铭文：永宝用。壶身铭有篆书：天涯亭畔刻清供图（石琴）款。该壶是一款通过拉坯成型改变壶身形状的瓜棱壶，也是钦州窑独有的一项技艺。壶嘴采用竹节设计，手执把设计具有独特的外观与制作风格，更多地考虑了人体工程学，手执感非常好。这也是钦州陶在茶壶器皿上所具有的艺术形态表现特征。

底款：钦州尤醉芳。

盛志强先生藏品

清末光绪·六瓣瓜棱壶

壶身铭文：富贵侯王。刻石菊图。另一面铭文：辛卯（1891年）孟春写于一枝轩瑞堂氏作。该壶是一款通过拉坯成型改变壶身形状的瓜棱壶，也是钦州窑独有的一项艺。壶嘴采用一弯设计，简洁明快，手执把设计具有独特的外观与制作风格。更多地考虑了人体工程学，手执感非常好。这也是钦州陶在茶壶器皿上所具有的艺术形态特征表现。这款壶是尤醉芳最具有代表性作品之一。

底款：钦州尤醉芳（定做）。

北海市古安州坭兴陶壶博物馆藏品

清末光绪·窑变四方壶

铭文：父甲尊铭，长宜子孙，长宜子
孙洗铭，庚寅（1890年）孟秋写于天
涯亭畔。另一面铭文：蒙山主人作。
刻芦雀图。壶肩铭：长宜子孙。刻
兰枝图。该壶是一款通过拉坯成型
改变壶身形状的小四方壶，也是钦
州窑独有的一项技艺。
底款：钦州尤醉芳。
北海市古安州坭兴陶壶博物馆藏品

清末光绪·清供博古尊

铭文：时在甲辰（1904年）仲夏于古
安天涯作。刻浅浮雕清供博古梅枝
图。此瓶也是钦州窑通过拉坯成型
方式制作，造型独特，陶坯轻薄，
是钦州陶独有的薄坯工艺。此瓶是
尤醉芳最具有代表性作品之一，极
为少见。
底款：钦州尤醉芳（定做）。
太和陶园藏品

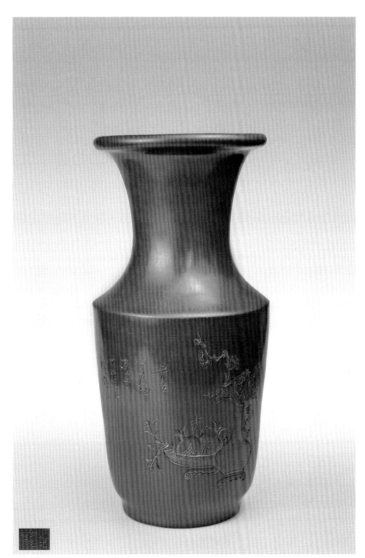

（七）符广音

符广音（生卒年不详），清末至民国时期钦州著名制陶工匠之一，所制各陶器用料考究，品质优良，器型优美，做工精良。民国十九年（1930年）10月，钦州省立十二中的孙老师将符广音大师制作的"中山瓶"一对，送去参加当年比利时独立百年举办的世界陶瓷展览会，取得了第一名，荣获金制奖章。符广音一生用款多枚，常用的有"广音""钦州符广音""符广音造"等。

民国·石兰蟹半球壶

铭文：乐赏大美图，辛未（1931年）夏月作为曾庆大侄清玩恩溥制赠。另一面线刻铲底大写意石兰蟹图（缶）。

底款：广音。

太和陶园藏品

民国·梅花纹瓜棱壶

铭文：时甲寅（1914年）夏之
六月上浣日于古安州作（主
人）。另一面刻填梅花图石溪
渔子作。

底款：符广音造。

北海市古安州坭兴陶壶博物馆
藏品

清末光绪·狮钮侧把壶

尺寸：长13 cm，高8.5 cm。

铭文：广盛祥造。侧把壶在钦州
窑茶壶类型上是极为少见的，壶
身线条流畅，朴素简单，不事任
何雕琢，愈见古拙。

底款：钦州符广音。

北海市古安州坭兴陶壶博物馆
藏品

清末光绪·葡萄纹六瓣瓜棱壶

尺寸：长14 cm，高6.5 cm。

铭文：疏影横斜时，戊戌（1898年）季夏作于古安天涯畔之一枝轩，丙午冬作于自娱轩少作。

底款：钦州符广音。

北海市古安州坭兴陶壶博物馆藏品

民国·大雁纹柱础壶

铭文：自由非赠品，奋斗是生涯，民国戊辰（1928年）作于省立十二中学。另一面刻填大雁图，达文用品。

底款：符广音。

北海市古安州坭兴陶壶博物馆藏品

清末光绪·洋桶软提梁壶

铭文：右仲驹父敦铭十八字。
另一面铭文：癸卯（1903年）
孟夏作于钦江天涯亭畔云谷氏
刊（云谷）。刻竹图。
底款：符广音造。
盛志强先生藏品

民国·竹节直筒软提梁壶

铭文：此长寿半钩铭二字，
时己未（1919年）中秋节作
（寿）。刻如意半钩长寿图。
另一面刻填梅枝图。古安养性
轩采香写（香）。
底款：符广音造。
剑州陶艺馆藏品

清末光绪·套装茶具糖罐，公道杯

铭文：庚子（1900年）首夏作。另一面刻

牡丹，扁豆图。

底款：符广音造。

剑州陶艺馆藏品。

民国·狮钮温酒软提梁壶

铭文：惟有饮者留其名，庚申
（1920年）冬十月作。另一面
线刻醉白图（采香）慎修置。

底款：钦州符广音。

福州藏友藏品

清末光绪·印泥盒

铭文：相印以心，不失于色访
诗女存补均。

底款：钦州符广音。

广州陈强先生藏品

民国·水仙对盆

铭文：梅兄，丙辰年（1916年）
孟冬中浣作。刻填梅枝图。

底款：符广音造。

广州陈强先生藏品

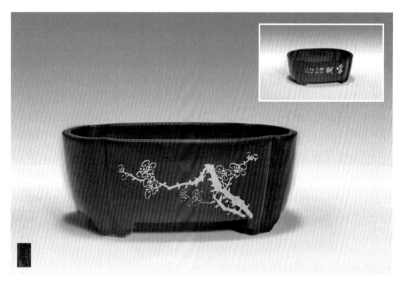

民国·四方水仙盘

铭文：雪貌，丙辰年（1916年）仲
秋中浣作。另一面刻填梅枝图。

底款：符广音造。

剑州陶艺馆藏品

民国·梅雀茶叶罐

铭文：时民国己未（1919年）仲夏初旬于古安之碧玉轩作（韦）。刻填梅雀图，仿新罗山人笔法采香涂（香）。

底款：钦州符广音。

剑州陶艺馆藏

清末光绪·铺首博古瓶

尺寸：高40 cm，宽15 cm。

铭文：时己亥（1899年）孟春作于钦江天涯亭畔。刻石榴博古图。

底款：钦州符广音。

盛志强先生藏品

（八）王如声

王如声（生卒年不详），清末至民国时期钦州著名制陶工匠之一，所制各陶器用料考究，品质优良，器型优美，做工精良。所制的系列陶器作品，至今仍是钦州坭兴陶藏家竞相收藏的陶器。王如声一生用款多枚，常用的有"美记""钦州王如声""钦州王美记""如声"等

清末光绪·太白瓜棱壶

铭文：踏雪寻梅，时在丙申（1896年）孟秋月作。刻踏雪寻梅图。另一面铭永宝用刻菊枝图。

底款：钦州王如声。

上海藏友藏品

清末光绪·博古纹叶子流瓢瓜壶

铭文：此长寿半钩铭二字。
刻如意半钩长寿图。另一面
铭文：琴书自乐，丁酉（1897
年）仲春于古安作。刻浅浮雕
琴书图。
底款：钦州王如声。
北海市古安州坭兴陶壶博物馆
藏品

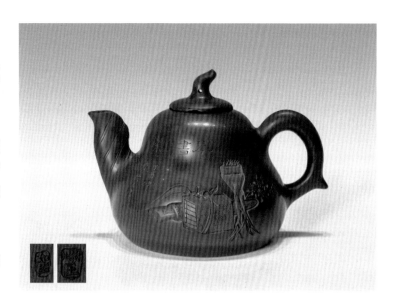

清末光绪·罗汉图金石文字狮钮壶

铭文：卧看白云初起时，光绪
甲午（1894年）仲冬于古安天
涯亭畔为乾恩堂主人制。另一
面铭文：聊赠一枝春。刻梅枝
图。信息具体，纪年明确。据
考，"天涯亭"为钦州东门西
面的一处名胜。
底款：钦州王如声。
汤弘晓先生藏品

清末光绪·梅菊纹竹段壶

铭文：诗清都为饮茶多（如声）。刻梅枝图。另一面铭文：时在戊戌（1898年）仲秋于古安天涯亭畔。刻菊枝图。壶口铭篆书"富贵昌宜侯王子孙宝用"。

底款：钦州王如声。

北海市古安州坭兴陶壶博物馆藏品

清末·太师少师手执壶

铭文：长寿半钩铭二字。刻如意半钩长寿图。另一面铭文：太师少师。刻太师少师图，无时款，根据制式和装饰构图来判断为清末时期作品。壶盖铭：富贵昌宜侯王永宝用。

底款：钦州王如声。

盛志强先生藏品

民国·瓜棱壶

铭文：长寿半钩铭二字。刻如
意长寿半钩图。另一面铭文：
时在庚子（1900年）季秋月
作。刻浅浮雕清供博古图。
底款：钦州王如声。
太和陶园藏品

清末光绪·清供纹软提梁壶

尺寸：长13 cm，高11 cm。
铭文：时在庚子（1900年）仲
春月作。刻清供博古菊枝图。
另一面铭文：长宜子孙。肩刻
象形文，刻菊图。
底款：钦州王如声。
北海市古安州坭兴陶壶博物馆
藏品

民国·瓜棱渔翁得利软提梁壶

铭文：碧乳，庚午（1930年）夏月于古安州作（图）。另一面刻浅浮雕渔翁得利图。

底款：钦州王美记。

太和陶园藏品

民国·直筒软提梁壶（缺盖）

铭文：虑佩铜人建初六年八月十五日造。另一面刻：摹元人之笔法（主人）。刻填老者图。

底款：钦州王美记。

长沙夏勇先生藏品

民国·竹节洋桶软提梁壶

铭文：富贵昌宜侯王。刻填牡
丹图。无时款。

底款：钦州王美记。

剑州陶艺馆藏品

民国·笔洗

铭文：沧海一粟，丙寅（1926
年）二月初于古安州作。

底款：钦州王如声。

竹里居藏品

民国·小笔洗

铭文：大富贵宜侯王石汉宜铭
六字。肩刻竹图，仿板桥笔
法，无时款。
底款：钦州王如声，美记。
上海藏友藏品

民国·窑变小笔洗

铭文：黄花晚节香。刻填菊花
图，无时款。
底款：钦州王如声。
上海藏友藏品

民国·长方四足水仙盆

尺寸：长20 cm，宽12 cm，高8 cm。

铭文：梅后桃前。另一面铭文：芝兰气味（吉祥）。刻填兰花图。

底款：钦州王美记。

剑州陶艺馆藏品

清末光绪·渔翁得利束腰瓶

铭文：时在庚子（1900年）仲冬月
于古安作。刻浅浮雕渔翁。
底款：钦州王如声。
广州汇珍福陶珍藏品

清末光绪·清供博古长颈天球瓶

铭文：琴书自乐，时在己亥（1899年）仲春日于钦江作（如声）。刻清供博古菊枝图。

底款：钦州王如声。

剑州陶艺馆藏品

清末光绪·博古清供白泥观音瓶

尺寸：高42 cm，宽16 cm。

铭文：时在己亥（1899年）仲冬月于古安州作（如声）。刻浅浮雕博古清供梅枝图。

底款：钦州王如声。

北海市古安州坭兴陶壶博物馆藏品

清末光绪·太白螭龙尊

铭文：自称臣是酒中仙，时在戊戌（1898年）仲夏作于古安天涯亭畔（如声）。刻浅浮雕太白醉酒图。此螭龙尊，素雅自然，清新秀丽，莹润有光泽，古意盎然，尽显脱俗之气。该尊胎质细腻，打磨精良，器身规整，形制精巧，釉色细腻，螭龙装饰，颇为少见。整器用料精致，线条流畅，朴素简单，不事任何雕琢，久经历史传承，愈见古拙，有淡雅清逸之意趣。

底款：钦州王如声。

汤弘晓先生藏品

民国·白泥人物小赏瓶

铭文：吴意浩于廿三年（1934年）二月卅日客次北海。刻励学图，书中自有黄金屋，书中自有颜如玉。

底款：钦州王美记。

盛志强先生藏品

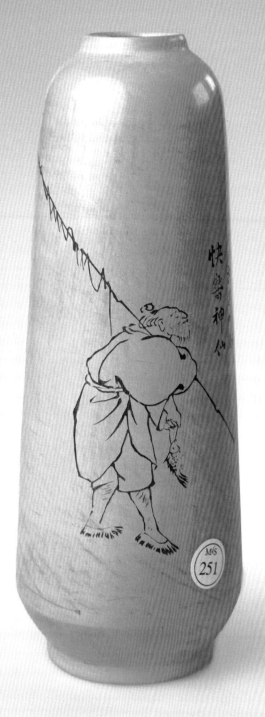

民国·白泥渔翁得利瓶

铭文：快乐神仙，戊辰（1928年）
冬月古安州作。

底款：钦州王如声，美记。

上海藏友藏品

（九）何余音

何余音（生卒年不详），民国时期钦州著名制陶工匠，所制的系列陶器作品，器型丰富，在器型的创新以及工艺难度上都是极高的。在黎家造之后是民国时期艺人里不可多得的名家之一，其一生中制作了大量的方器作品，造型新颖，别具一格，至今仍为钦州坭兴陶收藏家竞相收藏。何余音一生用款多枚，常用的有"何余音""钦州何""余音""专造时款""余音"等。

民国·东坡笠狮钮软提梁壶

尺寸：长15 cm，高16 cm。

铭文：金用作宝鼎，其鼎为子子孙孙永宝用笠屐图，辛未（1931年）嘉平月觉庵督制于古安州天涯亭畔。此壶器型独特，在软提梁壶中极为少见，坯体坚实，比例恰当，是一件难得的民国软提梁壶精品之作。

底款：钦州何余音专造时款。

北海市古安州坭兴陶壶博物馆藏品

民国·醉太白纹飞把高钟壶

尺寸：长10 cm，高15 cm。

铭文：癸亥年（1923年）中秋节于古安天涯亭畔作。另一面刻醉太白图。

底款：钦州何余音专造时款。

北海市古安州坭兴陶壶博物馆藏品

民国·芦蟹钟形壶

铭文：饮和戊辰（1928年）仲春于古安州作。另一面刻填芦蟹图（寿）。此壶器身仿古代钟鼓造型，坯体坚实，比例恰当。

底款：钦州何余音。

北海市古安州坭兴陶壶博物馆藏品

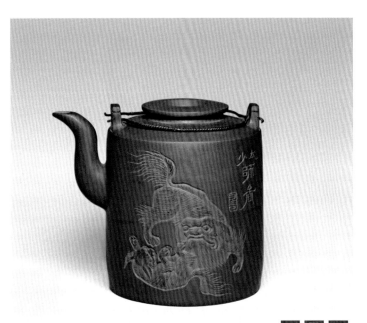

民国·太师少师直筒软提梁壶

铭文：太少师图。刻浅浮雕太师少师
图。另一面刻古钱币图。

底款：钦州何余音。

剑州陶艺馆藏品

民国·太白直身洋桶软提梁壶

铭文：诗思时在民国己未（1919年）
麦秋六浣养性轩作。另一面铭文：诗
酒自娱，古安采香刊（采香）。堆雕
诗酒自娱图。此壶是一把比较罕见的
采用堆雕装饰工艺的民国壶，在装饰
工艺技法运用上独树一帜，可以通过
此壶看到，古人也是在不断地提升技
艺水平，大胆创新。此壶是一件稀世
的珍品标本，也体现了钦州窑在民国
时期的繁华盛景。

底款：钦州何余音专造时款。

剑州陶艺馆藏品

民国·窑变印泥盒

铭文：民国廿年（1934年）
秋作，芷芬院长惠存，袁德
彰敬赠。

底款：钦州何余音。

广州汇珍福陶珍藏品

民国·白泥笔筒

尺寸：高12 cm，口宽8 cm。

铭文：义之精神，亦西先生
惠存，弟陈凤鸣敬赠，丁卯
（1927年）蒲节后三日作于古
安州天涯亭畔。刻填兰花图。
此笔筒有白器红花之美誉。

底款：钦州何余音。

长沙夏勇先生藏品

民国·参盅壶（缺盖）

铭文：戊辰（1928年）季春作于古安州天涯亭畔。刻填菊蟹图。

底款：钦州何余音。

剑州陶艺馆藏品

民国·太白南瓜茶叶罐

铭文：会品时在己未（1919年）清和月于古安之养性轩作。另一面铭文：醉白图，古安州采香氏刊（采香）。刻浅浮雕太白醉酒图。此罐是极为少见的以南瓜为造型的茶叶罐，罐上刻有浅浮雕人物，人物画面栩栩如生，突出了钦州窑在装饰风格上的独树一帜，是件难得的实物标本。

底款：钦州何余音专造时款。

剑州陶艺馆藏品。

民国·铺首三足香炉

铭文：癸酉（1933年）初冬作于古安天涯亭畔，另一面刻浅浮雕人物图。

底款：钦州何余音。

剑州陶艺馆藏品

民国·铺首三足香薰

铭文：癸亥（1923）年中秋节于古天涯亭畔作。另一面刻浅浮雕人物醉菊图。

底款：钦州何余音。

剑州陶艺馆藏品

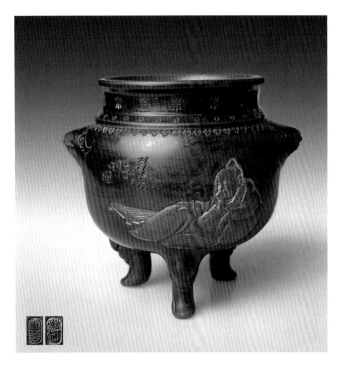

民国·铺首三足香炉

铭文：时乙丑（1925年）秋月于古安天涯亭畔作。另一面刻浅浮雕人物图。彩云轩刊（云）。

底款：钦州何余音。

上海藏友藏品

民国·铺首三足香薰

铭文：癸亥（1923年）天中节于古安天涯亭畔作。另一面刻浅浮雕人物图。

底款：钦州何余音。

北海藏友藏品

民国·一琴一鹤四方铺首尊

尺寸：高40 ㎝，尊口长10 ㎝，宽8 ㎝。

铭文：一琴一鹤图，彩云轩采香刊（采香）。刻浅浮雕，一琴一鹤图。另一面：右家德氏壶铭七字乙丑（1925年）花月六浣于古安州天涯亭畔作。此方器器型硕大。和以往的成型方式不同。钦州窑的成型工艺，是先采用了拉坯成型，待坯体略干后，用工具和手法使其变形，制作成长方器。工艺技术要求极高，是一件难得的民国时期精品。至今无人能仿制。

底款：钦州何余音专造时款。

剑州陶艺馆藏品

民国·苏武牧羊盘口兽耳窑变方尊

尺寸：高38 cm，尊口直径12 cm。
浅刻苏武牧羊图，另一面刻古钱
币图。此尊器型硕大，和以往的
方式制作不同。钦州窑的成型工
艺采用了拉坯成型，待坯体略干
后，用工具和手法使其变形，制
作成方器。尊口为圆型，采用了
装接工艺，上圆下方，工艺技术
要求极高，是一件难得的民国时
期精品，至今无人能仿制。
底款：钦州何余音专造时款。
广州汇珍福陶珍藏品

民国·人物扶松盘口瓶

铭文：民国十九年（1930年）秋
日于古安作，兰桂堂置。刻人物
扶松图。

底款：钦州何余音。

北海市古安州坭兴陶壶博物馆藏品

民国·窑变人物盘口四方尊

铭文：右楚公铸钟文，母亲
大人尊玩，女洁珍敬赠，民国
二十七年（1938年）八月二十日
制于古安州。另一面刻山水图，
另一面刻浅浮雕人物读书图。
底款：钦州何余音。
钦州潘信先生藏品

民国·人物盘口窑变尊

刻古代青铜器字体篆书款。一面刻古钱币图，另一面刻浅浮雕人物读书图。

底款：钦州何余音专造时款。

剑州陶艺馆藏品

民国·山水直身小口尊

铭文：学贡兄长惠存，这是钦州的
产品，特赠给尔作个纪念，弟学佳
赠，壬申年（1932年）七月制。
底款：钦州何余音。
剑州陶艺馆藏品

民国·花尊

铭文：展南仁兄雅玩游仙梦
觉空云和天外奇峰，民国
十九年（1930年）中秋时节
伯球赠。
底款：钦州何余音。
盛志强先生藏品

民国·葵口窑变瓶

铭文：掬芳使者，民国二十六年
（1937年）仲秋作于古安天涯亭
畔。另一面刻古钱币图。

底款：钦州何余音专造时款。

广州汇珍福陶珍藏品

民国·芦雁冬瓜对瓶

尺寸：高26 cm，瓶口4 cm。

铭文：民国十九年（1930年）
春月督制于古安州天涯亭畔以
为贻谋贤弟雅玩，幼生赠。

底款：钦州何余音。

剑州陶艺馆藏品

民国·铺首四方尊

铭文：和璇叔台纪念，丙子
（1936年）夏耀汉赠于古安州。

另一面刻古钱币图。

底款：钦州何余音专造时款。

长沙夏勇先生藏品

民国·窑变线雕山水盘口海棠瓶

铭文：秋菊春桃，戊寅年仲春于古
安州作。另三面刻山水图，花卉
图，菊花图。

底款：钦州何余音。

太和陶园藏品

民国·窑变铁拐李葵口瓶

铭文刻金文篆书字体，一面刻浅浮雕
铁拐李图，一面刻古钱币纹，一面刻
山水图。

底款：钦州何余音专造时款。

北海市古安州坭兴陶壶博物馆藏品

民国·白泥芦雀盘口对瓶

铭文：古安采香氏写。刻填芦雀图。

底款：钦州何余音。

广州陈强先生藏品

民国· 松柏直身小口尊

铭文：元熙仁兄清供，民国十九
年（1930年）中夏节伯球监制于
天涯名城。刻填灵芝松柏图。

底款：钦州何余音。

广州陈强先生藏品

（十）章秀声

章秀声（生卒年不详），清末至民国时期钦州著名制陶工匠之一，所制各陶器用料考究，品质优良，器型优美，做工精良。所制的系列陶器作品，至今仍为钦州坭兴陶藏家竞相收藏。章秀声一生用款多枚，常用的有"钦州章秀声""章秀声""秀声"等。

民国·白泥窑变桃子壶

尺寸：长18.5 cm，高12 cm。

铭文：碧桃，壬戌（1922年）夏于古安州作。该壶胎质细腻，打磨精良，器身规整，形制精巧，线条流畅，朴素简单，不事任何雕琢，有淡雅清逸之意趣。是一把难得的章秀声的精品茶壶之一。

底款：钦州章秀声（作者）。

北海市古安州坭兴陶壶博物馆藏品

民国·窑变圆珠钮半月壶

尺寸：高8 cm，壶口5 cm。

刻钱币图。另一面刻兰花图。

底款：钦州章秀声。

剑州陶艺馆藏品

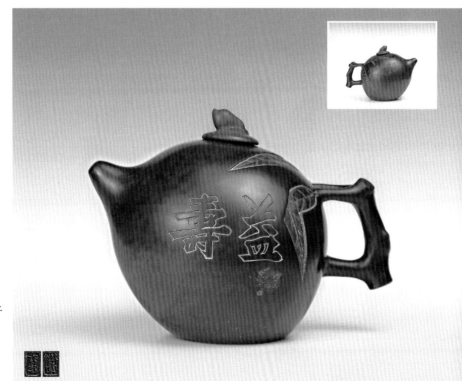

民国·窑变仿生桃形钮壶

尺寸：高11cm，壶口3cm。

铭文：戊午（1918年）仲夏下浣于

古安作。另一面铭文：益寿。

底款：钦州章秀声。

剑州陶艺馆藏品

民国·瓜棱软提梁壶

铭文：玉井流香，民国二十（1931年）五月作于古安州天涯亭畔秩志。另一面刻填梅雀图。

底款：钦州章秀声。

广州陈强先生藏品

民国·瓜棱软提梁壶

铭文：九畹生香壬戌（1922年）闰五月上浣日写。另一面刻铲底兰花图。

底款：钦州章秀声。

盛志强先生藏品

民国·灵芝直筒软提梁壶

铭文：饮和，甲子（1924年）七
月七日作。另一面刻灵芝图。

底款：钦州章秀声。

广州李景贤先生藏品

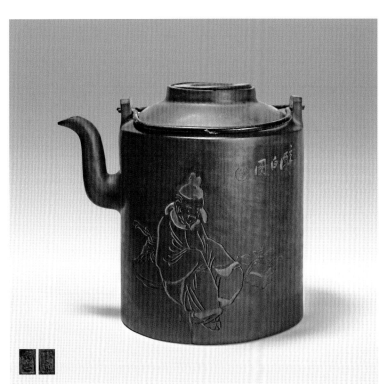

民国·醉白直筒软提梁壶

铭文：香留舌木，甲子（1924
年）夏月之中浣日于古安作。另
一面刻醉白图。

底款：钦州章秀声。

剑州陶艺馆藏品

民国·窑变温酒软提梁壶

铭文：冰雪胸襟，乙卯（1915年）二月中浣日古安作。另一面铭文：赋骨子写（山人）。刻博古图。

底款：钦州章秀声。

北海市古安州坭兴陶壶博物馆藏品

民国·窑变竹节温酒软提梁壶

铭文：己未（1919年）季秋月于古安州作。刻古钱币图。另一面刻老者图。

底款：钦州章秀声。

剑州陶艺馆藏品

民国·窑变温酒软提梁壶

铭文：引壶觞以自酌，时癸丑（1913年）夏五月六日作（主人）。另一面铭文：赋闲子写。刻兰图。

底款：如意，钦州章秀声。

剑州陶艺馆藏品

清末光绪·笔筒

铭文：擅赋雕龙，甲辰（1904
年）仲秋月石谷涂（石谷）。
底款：如意钦州章秀声。
长沙夏勇先生藏品

清末光绪·山水仕女盆

铭文：岁在甲辰（1904年）之花月作于古越自娱轩三石士涂（三石）章秀声制（秀声）。刻山水
田园图。此仕女盆呈猪肝色，泥质细密，油润，雕刻精工细作，线条精美细致。此盆在钦州窑日
用陶瓷器皿种类中得以广泛运用，是至今钦州窑唯一的一件仕女盆，是难得的章秀声的精品之作
（仕女盆铭三石士涂指的就是茂林）。

剑州陶艺馆藏品

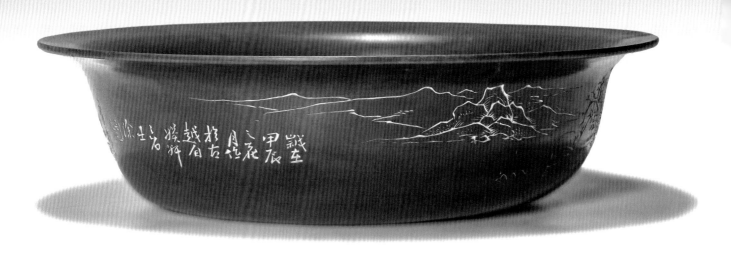

民国·人物四方盘口瓶

铭文：民国二十一年（1932年）
冬月作广东省立弟十二中学校
李孟三自玩。另一面刻人物、
花卉图。

底款：钦州章秀声。

北海市古安州坭兴陶壶博物馆
藏品

民国·窑变撇口瓶

尺寸：高52 cm，口15 cm。

铭文：辛酉（1921年）仲秋月
于古安州制，镜湖先生惠存，
唐明轩敬赠。刻填菊园图。此
瓶器型硕大，烧成率极低，是
一件难得的实物标本器，窑变
自然，宛若天成，加之品相上
佳，很是难得。

底款：钦州章秀声。

广州李景贤先生藏品

（十一）曾万声

曾万声（生卒年不详），清末时期钦州著名制陶工匠之一，所制各陶器用料考究，品质优良，器型优美，做工精良，但存世的器皿不多。所制的系列陶器作品，至今仍是钦州坭兴陶藏家竞相收藏的陶器。曾万声一生用款多枚，常用的有"钦州曾万声""如意"等。

清末光绪·清供纹钟形壶

尺寸：长16 cm，高13 cm。

铭文：长宜子孙。另一面刻清供博古图。

底款：钦州曾万声。

北海市古安州坭兴陶壶博物馆藏品

清末·竹梅纹竹段壶

尺寸：长17.5 cm，高10 cm。

铭文：永宝用。另一面刻竹梅图。

底款：钦州曾万声家用。

北海市古安州坭兴陶壶博物馆藏品

清末光绪·石兰瓜棱壶

铭文：光绪己亥（1899年）清和
月杪希宋敬赠。刻石兰图。另一
面刻流江涎额作岭南人子壶刊。
刻荔枝图。

底款：钦州曾万声。

广州汇珍福陶珍藏品

清末光绪·清供博古四棱形壶

铭文：长宜子孙。另一面刻清供博古图。此壶呈猪肝色，泥质细密，油润。壶身四棱形，设计简约，比例和谐、线条流畅，称得上是一款钦州窑经典器型。

底款：钦州曾万声。

剑州陶艺馆藏品

清末光绪·双鱼纹竹段壶

尺寸：长16 cm，高10 cm。

铭文：时在甲辰（1904年）秋八月作于古安州（三石）。刻长寿半钩图。另一面双鱼戏水。

底款：钦州曾万声。

北海市古安州坭兴陶壶博物馆藏品

清末光绪·菊枝文房笔筒

铭文：丙申（1896年）初夏作于古安天涯亭畔。刻菊枝图。

底款：钦州曾万声（如意）。

剑州陶艺馆藏品

清末光绪·醉乐锥形瓶

铭文：醉乐图，时光绪壬寅（1902年）作于古安之于淡风月小轩蒙山主人作。刻浅浮雕醉乐图。此瓶呈猪肝色，泥质细密，油润。坯体坚实，比例恰当，整器用料精致，线条流畅，朴素简单，是一件难得的清代曾万声的精品。

底款：钦州曾万声。

剑州陶艺馆藏品。

（十二）黄占香

黄占香（生卒年不详），清末时期钦州著名制陶工匠之一，主要以制壶为主，制作的茶壶器型优美，做工精良，但存世的器皿不多。所制的陶器作品，至今仍是各钦州坭兴陶藏家竞相收藏的对象。黄占香一生常用款有"钦州黄占香""黄占香，定做，丙申"等。

清末光绪·瓜棱壶

铭文：光绪丙申（1896年）中秋于钦江鸿飞洲畔。刻兰图。另一面铭文：墙根鞠华乎沽酒，子冶氏写。刻石菊图。此壶呈猪肝色，泥质细密，油润，是仿生瓜棱壶，做工考究，是一件难得的清代精品壶。

底款：钦州黄占香，定做，丙申。

广州陈强先生藏品

清末光绪·六瓣瓜棱壶

铭文：壬辰（1892年）季秋上浣作于天涯亭畔，刻石竹图。另一面铭文：得以不思花林计。刻梅枝图。此壶呈猪肝色，泥质细密，壶式古雅，制作精细，温润细腻，整体浑然天成，自然有致，六瓣筋纹的葵花式榉，筋纹清晰，造型大方稳健。

底款：钦州黄占香壬辰定做。

剑州陶艺馆藏品

清末光绪·四方壶

铭文：鹤汀贞孝女雅览，替夫葬亲，抚孤完贞，割股廖母，流芳千秋，淮阳王淑蕙持赠。另一面刻青松耐节。此壶呈猪肝色，泥质细密，油润，做工考究，是钦州窑早期成型方式，后改为拉坯成型。此壶为坯拍成型方壶的精品。

底款：黄占香。

长沙夏勇先生藏品

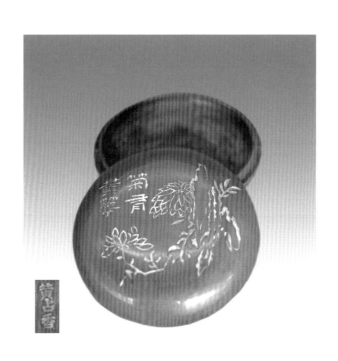

清末光绪·印泥盒

铭文：菊有黄花。刻石菊图。此印泥盒是一件难得的清代印泥盒。

底款：黄占香。

北海许维基先生藏品

（十三）王者香

王者香（生卒年不详），清末时期钦州著名制陶工匠之一，作品以陈设花瓶器皿为主，制作花瓶器型优美，做工精良，但存世的器皿不多。所制的陶器作品，至今仍为钦州坭兴陶藏家竞相收藏。王者香一生常用款有"钦州王者香（如意）"等。

清末光绪·铺首撇口瓶

铭文：迁圉令，播德二城，风曜穆清；天实高，惟圣同时在，壬辰（1892年）大暑于钦江之天涯亭畔中州晴园氏涂。另一面铭文：时礼默执徐然鉴波写于吟秋轩。刻富贵神仙图。此瓶铺首装饰颇为少见。

底款：钦州王者香（如意）。

盛志强先生藏品

紫砂陶器

第四章

雅士名流介绍

一、高焕然

《松阳钩沉》一书2005年由方志出版社出版,书中记载,高焕然（1861—1934年），号鲁大，字昕斋，浙江省松阳县象溪镇象溪村人，幼年尊同好学，博览群书。清光绪三年（1877年），拔贡居首。十一年（1885年），考中乡知县。因性格耿直，得罪上司，被免官职。高焕然并未因此消沉，反而更加勉励自己，说："官可不做，人不可不为。"此后，他游历广东、广西诸省和南洋诸国，大大开阔了眼界。后协助商务大臣张振勋创办学堂，开辟东关码头，巩固与越南的边防。建功复职后,常亲自到村庄里去访问民间疾苦。宣统三年（1911年）夏，担任钦州直隶知州。上任不久，爆发了武昌起义，清政府被推翻,于是他回家乡象溪居住并编著县志,受各界好评。高焕然也是钦州最后一任知州，为官期间定制了部分钦州窑制品，自用或送给友人，留存至今。

二、胡老六

生卒年不详。据1930年《钦县县志》记载："钦有宜兴各器之由来，始于咸丰间，胡老六创制吸烟小泥器，精良远胜于苏省之宜兴，由此得名。厥后潘允兴、尤醉芳、郑金声，相继而出。"是目前有文字记录的钦州坭兴陶最早的制作者之一，至今未发现其亲自署名的作品。笔者对坭兴陶各时期的制器进行了研究和梳理。坭兴陶早期从咸丰年开始经历同治、光绪、宣统、民国，从实物标本落款上看，早期制品大多数没有款识，直到光绪中期才有意识要落款。所以早期的作品是无法查证的。

三、梁公远

在钦州经营"永春阁药房"的广州商人梁公远酷爱钦州坭兴陶，与黎氏兄弟过从甚密，曾大量定购"黎家园"坭兴陶运回广州分赠至亲好友，并运香港销售。梁信息灵通，获悉1915年美国在旧金山举办巴拿马太平洋万国博览会，积极筹措并告知黎家选一只最精美的坭兴陶交他送去参展。结果，荣获该会二等金质奖章一枚。喜讯传回，陶艺工匠们无比兴奋，地方政要和文人墨客奔走相告。

梁公远是购运钦州坭兴陶往香港销售的第一人。其次是钦人罗怀璇（字玉山）。罗怀璇在钦州市中山路开设罗荣珍商店，专营花纱布匹绸缎化妆品等货物，当时是钦州一流商店。其化妆品来自香港广生化妆品公司。每当香港运货抵钦，罗怀璇便预先购备大批坭兴陶随船返运香港销售。这样，钦州坭兴陶便在香港有了一席之地。1939年冬钦州沦陷。1941年冬日本攻占香港。钦州坭兴陶运销香港路断，因而停止。

（编者注：）永春阁主人，公远世兄属，春满天涯，冯铭锴题，庚午秋月六桥居士刊。

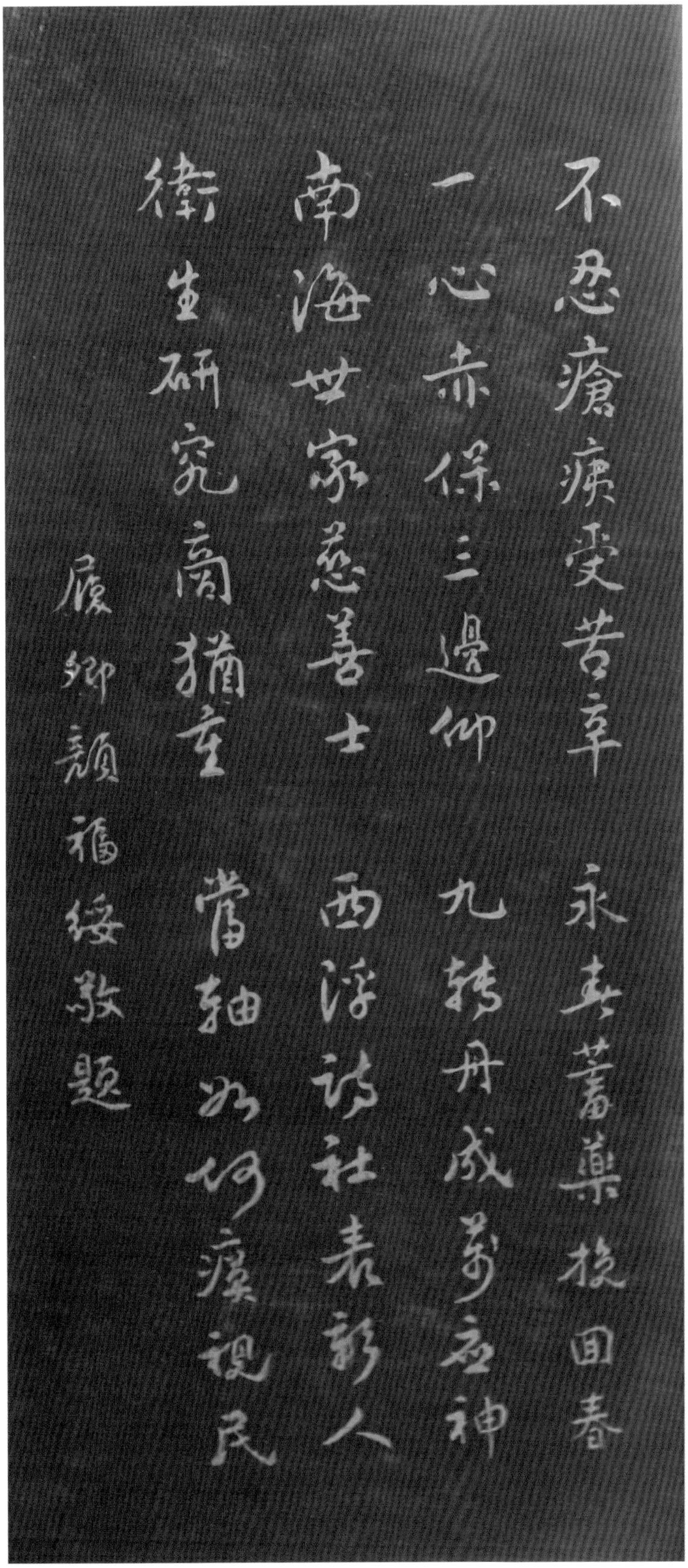

不忍瘡痍受苦辛　永春蓄藥挽回春
一心赤保三邊仰　九轉丹成萬應神
南海世家慈善士　西浮詩社表彰人
衛生研究商猶重　當軸如何瘼視民

履卿顏福綏敬題

（编者注：）不忍疮痍受苦辛，永春蓄药挽回春。一心赤保三边仰，九转丹成万应神。南海世家慈善士，西浮诗社表彰人。卫生研究商犹重，当轴如何瘼视民。履卿颜福绥敬题。

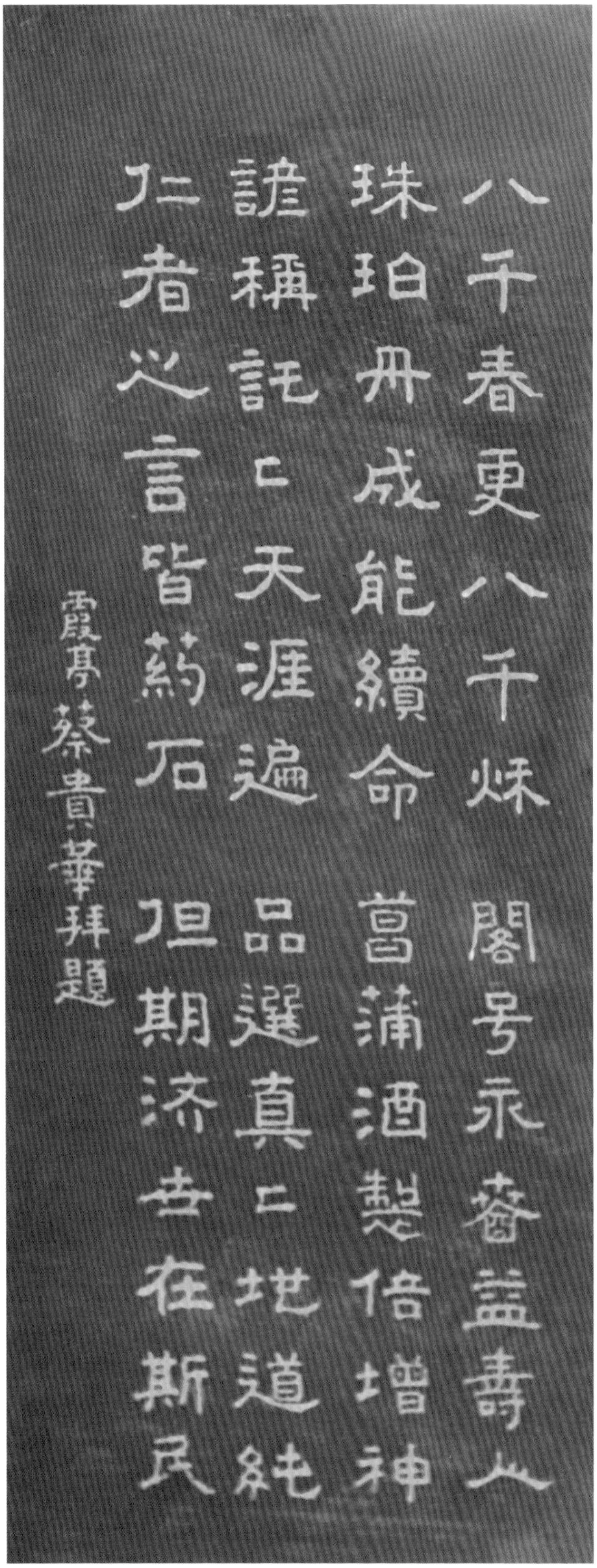

八千春更八千秌　閣号永舂益壽人
珠珀丹成能續命　菖蒲酒制倍增神
諱稱託ㄴ天涯遍　品選真ㄴ地道純
仁者心言皆藥石　但期济世在斯民

霞亭　蔡貴華拜題

（编者注：）八千春更八千秋，阁号永春益寿人。珠珀丹成能续命，菖蒲酒制倍增神。谚称讬讬天涯遍，品选真真地道纯。仁者心言皆药石，但期济世在斯民。霞亭蔡贵华拜题。

小号设肆钦垣八十有馀载发售中外地道药材素以利物济
群偿效韩康货无贰鼎但期稍甦民疾未敢邀取美名幸历岁
既多存活益众永春阁稳讬讬二语竟成钦谚至今有口皆碑
本年蒲节西罗浮诗社课期请题於冯主任铭锴冯公首以永
春炼丹命题公推林参谋绳武评阅都人士不吝珠玑纷投佳什
社榜既揭满目琳琅择其佳者刊入社集以垂久远兹择其
二首以制花瓶藉留纪盛矣
民国十九年重阳节後五日

梁公远谨志

（编者注：）小号设肆钦垣八十有余载，发售中外地道药材，素以利物济群价效韩康货无贰鼎，但期稍甦民疾，未敢邀取美名。幸历岁既多存活益众，永春阁稳讬讬二语竟成钦谚，至今有口皆碑。本年蒲节西罗浮诗社，课期请题于冯主任铭锴，冯公首以永春炼丹命题，公推林参谋绳武评阅，都人士不吝珠玑纷投佳什，社榜既揭，满目琳琅，择其佳者刊入社集以垂久远，兹择其二首以制花瓶藉留纪盛矣。民国十九年重阳节后五日，梁公远谨志。

四、林绳武

林绳武（？—1938年），字韵宣、韵宫，号醴江居士。信宜人。清末举人，文史学家，坭兴陶书画、雕刻大家，光绪优贡生，选入广雅书院读书。光绪三十三年（1907年）丁未廷试第五名，为清廷法部候补官员。民国二年（1913年）二月四日，当选第一届国会众议院议员、驻秘鲁领事。返粤后，于民国十九年（1930年）聘任《钦县县志》总编纂。

林绳武是科举出身的地方豪绅，是近代的文史学家，他出任《钦县县志》总编纂期间，尽职尽责，致力于斯域的文献整理和研究，他曾撰写《冯勇毅公神道碑》《考证钦州坭兴陶》等文，并整理冯敏昌《鱼山执笔法》，对钦州的地域文化起到了促进作用。

光绪三十三年（1907年），为冯子材墓撰《冯勇毅公神道碑》，叙述冯子材生平事迹并评价其功过。该碑立于牌坊侧面的六角亭内，毁于"文革"时期。

钦州盛产坭兴陶，林绳武考证并评价："且知为宁越郡（今钦州市）第五世刺史宁道务墓志……为高四尺余之巨制，旁附藏陶壶一个，此碑刻有唐开元二十年字样……通体楷书，犹纯作北魏字体……寰守（"守"应为"字"之误）坊碑，陶制已少，如斯巨制，尤所希觏，是吾钦先民陶业及书刻之程度也……吾国数千年志著录，未曾有千言以上之陶刻，此志乃达千六百余言……乃中国第一陶刻也。今国人渐知钦县陶产，远迈宜兴。"（陈德周《钦县志》中华民国三十五年（1946）石印本，钦州市地方志办公室藏）。己巳年（1929）七月，他与钦州陶艺名家黎家园（字六桥主人），合作一尊泥兴陶瓶，六桥刊山水画，绳武节临《散氏盘》，款署："鉴仙先生属书于天涯。"

林绳武还是近代著名的书法家。冯敏昌的《鱼山执笔法》，是林绳武根据冯敏昌乾隆壬寅（1782年）与弟季先手书（附有执笔手形图）整理而成，原件已佚［载入民国三十六年（1947年）石印本《钦县县志》第四卷十三《艺文志·艺术》］。

林绳武，从小研习赵、董小楷。中举后，移情至颜、柳、

苏、米，尤钟情于颜真卿书法。在京师任职期间，与京城的"四大才子"之一沈宗畸研究国学和金石书画。有临写《散氏盘》和《毛公鼎》集字的横批与对联传世。

无聊斋藏其行书"能以新诗出古律，清于雪椀映冰瓯"七言联。由于保管不善，纸质有点发黄，上联还有残缺，并影响到观赏效果。纸本，纵140厘米、横36厘米。上款为"口口尊兄大人正"，下款为"林绳武"，下钤"林绳武字韵宣"白文、"丁未廷试第五岭南优行第一人"朱文印各一枚。内容为：上联句出自北宋梅尧臣《高车再过谢永叔内翰》诗句，林氏将"邀"字改为"能"字，不知是版本问题，还是林氏记忆有误，或是有意为之。下联句出自南宋杨万里《答提点纲马驿程刘修武二首》诗句。此联以颜真卿为柢，正面取势，广纳欧阳询、米芾、赵孟頫等人的结字和笔意，既有颜、欧的修长的形体，又有颜、欧、米、赵诸家的笔姿。"椀""瓯""绳""武"等字，喜用长钩，凸显他孤傲挺拔的艺术个性。

引用于：广东书人品鉴录之二十九

五、茂林（三石）

茂林（生卒年不详）。清末至民国时期钦州著名文人，精于书画，善雕刻，作品精工细作，其装饰画面唯美灵动，独具一格，在钦州窑器物装饰方面独有建树，与黎家园、章秀声都有合作。为当时众多坭兴作坊聘请创作，书画作品精美传神，作品广为官员、文人、大户人家收藏和作为礼品赠送。

一生用款众多，常用的有"茂林""云谷""石谷""片云""三石""一枝轩""红杏轩""自娱轩"等。

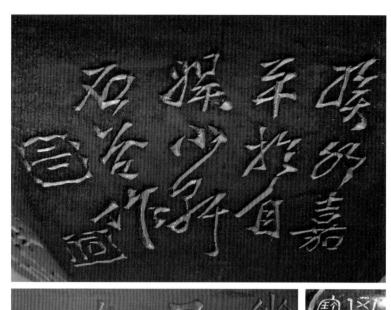

六、祐绳

祐绳（生卒年不详）。清末至民国时期钦州文人，善书画、雕刻，书画作品精工细作，其作品装饰画面唯美灵动，独具一格，在众多的坭兴陶制器上都有出现"祐绳涂"，一生常用款"祐绳涂"。

七、刘凤鸣

刘凤鸣（1889—1978年），民间艺术家。回族。天津人。民间艺术家，著名刻砖艺人。刘凤鸣15岁开始随外祖父马顺清学习刻砖技艺。马顺清是天津著名刻砖艺人，在清道光年间，将天津砖刻发展为独立于建筑之外的民间艺术，并开创了堆贴法，扩大立体空间，使作品层次分明。刘凤鸣继承和发扬了马顺清的堆贴法，创造了天津砖刻的独特风格，被誉为"刻砖刘"，以立体和半立体透雕见长，构思精巧，极具艺术欣赏价值。

清末·刘凤鸣制笔筒

尺寸：高13 cm，宽8 cm。

铭文：蓬莱久隔人间路，常伴金蟾会众仙，钦州紫山轩，刘凤鸣书意。刻刘海戏金蟾。此笔筒为刘凤鸣到钦州紫山轩亲手制作和刻绘的笔筒，说明当时钦州窑在国内的知名度，文人到钦州留下的墨宝，给钦州窑添上厚重的一笔。此笔筒能留存至今实属不易。

底款：凤鸣造。

剑州陶艺馆藏品

第五章 | 坭兴陶的款识

款识是钦州陶器的一大特点，是证明陶器身份的重要特征，是传承有序的见证。钦州陶器款识形众多，并借鉴了宜兴紫砂的特点给予传承。款识可分为底款、铭款两种，记录了当时工匠的心血及历史和时代的变迁，是书写时代情怀的表达。

一、底款

底款主要是以阳文的印章形式表现于器皿底部，部分采用手刻款或者无款。底款多为姓氏或斋号，坭兴陶从咸丰年间开始，早期制作大量烟头器，都在底部印有阳文姓氏和钦州字样。到了同治年间茶壶、花瓶各器开始出现，也同样在器底印有底款；但在同治至光绪年间早期为无底款，直到光绪中期才有意识落底款，对地点和姓氏都有所交代，不容置疑。直到光绪中期，产业形成一定规模以及产品成熟与稳定，作者在器皿上开始标注铭款和底款。钦州窑落款大体分为有款和无款两种。清末至民国期间坭兴陶器底部落有制作者印章或者堂号，或印有定制款等。

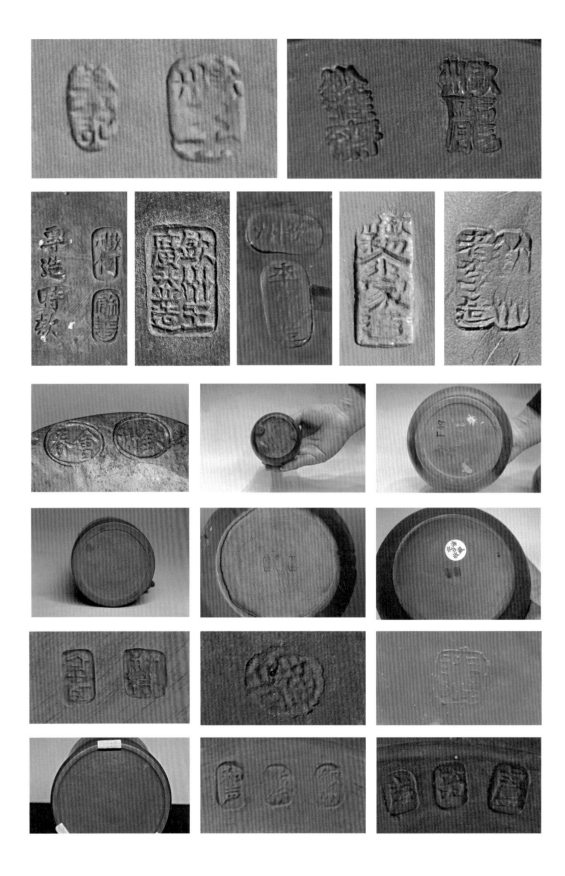

二、铭款

钦州陶器上铭有文字、文辞款识，也是钦州陶在文字装饰上的表现，多为采用双刀阴刻或铲底刻法和阴刻阳填工艺。从同治年间开始，器皿上都铭有文字或图案构图，直到光绪中期后才有意识落纪年款，通过器皿身上的铭文可了解当时的人文情怀、风土人情、时事等。通过实物标本考证，可以看出坭兴陶从咸丰年间开始经历同治、光绪、宣统、民国，早期制品大多数有铭文，而无年款，直到光绪中期才有意识要落年款。所以早期的作品有铭文，而无年款是无法查证的。有铭文，就能够通过陶坯上的铭文了解当时的人文地理、风土人情、时事等。清末至民国期间坭兴陶器上大多是诗画或者订购者的留言，同时书写或镌刻干支纪年款或年号款等。

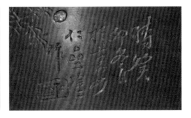

钦州陶器

第六章

当代钦州坭兴陶文化与设计创新

欽州

陶器

　　笔者通过对坭兴陶缘起历史的追根溯源、发掘整理，探究坭兴陶历史文化的积淀，结合新时代的审美及市场需求趋向，思考坭兴陶在新时代背景下如何创新、如何突破，以何种途径探寻新的出路。

　　通过对坭兴陶文化与设计的创新探索，通过坭兴陶作品实例分析，在对坭兴陶创新之路的知行合一中，体现坭兴陶的文化设计创新对其发展的深刻影响。

　　在坭兴陶的发展历程中，由于受到历史变迁等原因的影响，坭兴陶在近现代的传承与发展过程中呈现出比较薄弱的现象，坭兴陶的历史地位、恢复情况、传承人的情况等都不甚明了。只有厘清了这些问题，坭兴陶产业才能得到更好的发展与传承。

　　坭兴陶作为历史上除了宜兴紫砂之外的名陶，目前的恢复、传承却与它的历史重要贡献、地位不相称。当地、国内的艺人们都在学习坭兴陶，特别是阴刻阳填的制作，几乎没人能达到坭兴陶历史上阴刻阳填技艺的水平。

　　坭兴陶作为一种文化载体，若没有文化，就是一点材料，一点小技艺，做出来的东西就是死板的，只是纯粹的器物，称不上艺术品。所以文化是我们学习的一个关键，它是一种修养，无论是搞艺术创作，还是学坭兴陶，或是学任何东西，修养都是一个必要条件，是无形的东西，需要不断学习、沉淀和积累。

一、坭兴陶的"文化品性"

（一）实用器具的生活文化品性

从艺术或者工艺角度来看，坭兴陶是实用器具，且服务于人的生活。首先要看到陶器的生活文化本质，其次要看它的艺术本质。它是一个实用器物，来自于生活，从原始社会、原始陶器开始，它就是为生活而做的，服务于生活的需要，且实用。所以看所有人类的创造都会打上生活的印记，这是我们认识坭兴陶的立足点。

（二）装饰的介入：实用器具的艺术文化品性

第一，工艺美术来自于民间，来自于生活，来自于造物。最早没有什么艺术，就是实用的造物，之后，逐渐有了艺术的萌芽和人对审美的需求。

第二，是装饰的介入，使得实用器具有了初步的艺术文化品性。在坭兴陶上能看到生活的、实用的、物质的文化，与陈设的、审美的、精神的、文化的统一，它的统一在生活这么一个基础上，随着生活的需要与人的精神需要相结合，从而产生了实用与审美结合的器物。

第三，逐渐产生了为装饰、为欣赏而单独创造的器物，从实用逐渐走向审美，走向陈设。

（三）陈设陶品：陶器具有艺术品性

从陈设欣赏这个角度来看，陶器具有艺术品性。第一，工艺的价值：造物技术与造物艺术的统一。第二，装饰的价值：装饰与艺术的统一。第三，历史的价值：历史的价值反映在两个方面，即时间性和文化的价值。因为遗留下来的所有东西，都是这个时代文化的凝结或者结晶、文化和历史，一个是时间问题，一个是文化的品质问题。

二、坭兴陶文化：历史的积淀与时代的趋向

（一）古代和现代文化可以当作两种文化来看待

从古代坭兴陶文化来看，古代制陶的原生文化，称其为具化性文化，它是基于技艺，基于生活的手艺文化，或者称为被他人认知的文化，因为作者可能不识字，不会写文章。他只是做东西，做器物。所以在这种文化之下，手艺是全部，对这种手艺的掌握以及具体实践，不需要通过读书来把握。在西方，这种知识，叫具身化知识，经手艺通过自己的身体，通过自己的手，产生的知识体系。工具革命以后，现在的设计也好，艺术创作也好，这种文化形态，称为自觉性文化。它必须基于专业培养的职业性文化，是可以自我认知的文化。学设计，学艺术，没有文化就没有资格，这是一个时代在整体上、本质上对文化的决定性因素。当然理解文化有很多层次，一个是知识的层次，知书、读书多与少的问题；另一个是修养的层次，是达理、通达的高度。以欧阳詹（约756—801年）著述的《陶器铭》为例，它指出设计陶瓷的目的、规律、核心可以概括为"器以利用，道从易简" 八个字。我们做陶，我们做所有的器物，目的是为了什么？为了用。它的规律是什么？它的核心是什么？要容易、简单，一定要非常严谨、非常容易、简洁，才能够达到目的。先秦时期《周易》当中讲的设计——"开物成务，冒天下之道"，跟前面这八个字的道理是一样的。

（二）坭兴陶设计的目的、规律、核心

从当代坭兴陶文化来看，第一，整个坭兴行业处于转型过程当中；第二，创新成为共识，也成为市场竞争的工具；第三，实用陶的设计化和艺术化，已经是越来越明显的一个趋势，使得设计向艺术化的方向发展。艺术化的设计，有非常多

的好处，它适应了人的精神性、欣赏性，在经济上，它的附加值也越来越高，但是有的时候我们也会发现，设计不是嫌少而是嫌多。在很多设计上都是这样，太多了，太过了，只看到设计，看不到设计的东西，那就失去意义了，喧宾夺主，买椟还珠。所以要从事陶瓷创新设计，设计师的素质是最关键的，古代工匠边想边做，不断地改进，他既是设计者也是制作者，而今天，设计与制作分离，设计成为职业化、机械化的设计，所以对设计师的素质要求越来越低。而设计的竞争本身是文化素质的竞争，不是工艺材料的竞争。

三、坭兴陶创新案例

以紫砂壶品鉴的四品"神""逸""妙""能"为实例，分别从实用化的取向、实用与审美结合的取向、艺术化的取向、既是设计又是艺术四个不同的层次来讲述陶瓷创新。

对商品与作品的区别，主要从经济地位、艺术技巧、文化素养来区分。笔者总结出在坭兴陶创新当中，以紫砂为例的突出的陶瓷艺术现象："这种脱离了日常茶生活而在藏品意义上存在的紫砂壶，如果仅仅停留在形式层面，就形式玩形式，它的路肯定越走越窄。我们今天继承坭兴陶的传统，如果仅仅是为了玩形式而玩形式，也不会玩出什么好名堂。艺术需要形式，但形式本身并非是艺术。"

一个研究者，一个创作者，一个艺术家，要有敏锐力，要敏感。艺术家如果不敏感，任何事情都不会做好，都不会有所成就。"专心致志"是成就任何事情的法宝，做任何事情，要专心到极点，敏锐性就出来了。因为马虎不可能取得成就。

笔者以自身接触坭兴陶研究的过程，发现敏锐性在坭兴陶创新中的重要作用。在坭兴陶搞的窑变釉，就是在创作当中偶然的发现，坭兴陶在烧制之后器物表面的一些变化丰富、漂亮的视觉效果引起了人们坚持不懈的追求，思考是否能将这种窑变效果与画面融合成一个整体。缘于这种灵感，再加上其坚持的追求，一下就成功了。这其实就是缘于艺术家的敏锐性。从加入窑变创作作品当中，我们可以感受到对陶品性的理解，作品自然而然流露出艺术家的深厚修养、通达的艺术的理论、现代性的审美、处处体现的传统文化精髓。

四、对创新之路的认知浅见

（一）对创新之路的认识

坭兴陶的工艺美术要创新，第一要精工精致，发扬所谓的工匠精神；第二要注重审美的现代性，在工艺上也要用现代性的审美去完成；第三要把握文化传统的品质精髓，要有格调。陶瓷艺术作为中国传统文化、艺术的一部分，要在内涵上下功夫。发扬坭兴陶的传统也是一样，形式上要学，重要的是要把握文化精髓。

（二）设计与创作六要素

第一，工艺创新（多工种结合创新）。

第二，实用型创新（功能创新）。

第三，材料运用创新（木、金属、漆器结合创新）。

第四，造型创新（新颖、器型创新）。

第五，主题创新（元素）。

第六，地域性（文化创新点）。

（三）坭兴陶创作艺术境界的三个层次

第一，技术技巧的层次，精雕细琢，炉火纯青。

第二，既雕既琢复归于朴，绚烂之极归于平淡。

第三，大匠不雕，技近乎道，天人合一。

五、黄剑坭兴陶创新佳作赏析

（一）铜鼓系列作品

铜鼓系列作品是黄剑在坭兴陶创作道路上的第一个系列作品。早期的作品创作主要还是想寻求载体设计上的突破，在进一步的深化和设计制作中，慢慢地成为自己主导的系列作品，得到了业内和行业的认可，也丰富了在坭兴陶创作过程中所缺少的元素与题材。铜鼓系列作品，无论是在设计以及材料应用方面，还是在工艺创新等方面，都有了新的突破，此系列作品至今已经完成了11套。在今后的坭兴陶艺术创作中，铜鼓系列作品将延续创作，是不断超越自我的挑战。

〈铜鼓系列之一 〉·　鼓声

尺寸：高10 cm，长15 cm，宽11 cm。

是2015年创作的第一套以铜鼓为题材的作品，主要以广西铜鼓为题材，结合铜鼓造型设计，运用坭陶塑造茶具，融入广西民族文化铜鼓及壮锦元素纹饰，通过高浮雕进行细致的刻画，图案装饰性强。整套茶具制作奇特，是一款集实用、欣赏功能于一体的茶文化器具和艺术品，手法表现了广西民族铜鼓纹饰之"美"。

2016年"金凤凰"创新产品设计大奖赛，鼓声作品荣获金奖。

此作品已获得外观设计专利证书。

〈铜鼓系列之二 〉· 鼓声之"美"

尺寸：高20 ㎝，长16 ㎝，宽14 ㎝。

是2016年创作的作品，以广西钦州坭兴陶为载体，设计主要以手鼓为造型元素，组合与实用、美观性相结合，茶具由茶壶、公道杯、茶罐、茶盘四大部分组成。茶盖和壶把都刻填铜鼓纹饰，茶罐盘外围刻填花山壁画的纹饰作品，主要表现整体器型与纹饰相结合，是一款集实用、欣赏功能于一体的茶文化器具，手法表现了广西民族纹饰之美。

2016年广西八桂天工奖，作品获金奖。

2016年青岛"百花杯"中国工艺美术精品奖，作品荣获金奖。

2017年广西文艺作品铜鼓奖。

2019年第九届广西发明创造成果展览交易会，作品获得传统手工创新成果奖。

此作品已获得实用新型专利证书。

〈铜鼓系列之三〉· 鼓声之韵

尺寸：高16 cm，长14 cm，宽12 cm。

是2017年创作的作品。作品以广西钦州坭兴陶为载体，设计主要以广西铜鼓为造型元素，组合与实用、美观性相结合，茶具由茶壶、茶罐、茶杯三大部分组成。茶壶盖及杯子刻填铜鼓纹饰，茶罐外围刻填花山壁画的纹饰。作品主要表现铜鼓整体器型与纹饰相结合，是一款集实用、欣赏功能于一体的具有广西地域民族文化的茶文化器具，表现了广西铜鼓纹饰之美韵。

2017年杭州第十八届"百花杯"中国工艺美术精品奖，作品荣获银奖。

此作品已获得外观设计专利证书。

〈铜鼓系列之四〉·三蛙鸣鼓〈套壶〉

尺寸：高10 cm，长15 cm，宽11 cm。

是2017年创作的作品。作品设计主要以广西铜鼓造型与鼓蛙元素，组合与实用、美观性相结合，茶具由茶壶、茶杯、茶盘、三大部分组成。茶壶三蛙前后呼应，蛙造型各异，栩栩如生，茶壶盖及杯子、茶盘刻填铜鼓纹饰，是一套集实用、欣赏功能于一体的具有广西地域民族文化的茶文化器具。

2018年第53届全国工艺品交易会上，作品荣获"金凤凰"创新产品设计大奖赛金奖。

此作品已获得外观设计专利证书。

〈铜鼓系列之五〉· 鼓声之魂

尺寸：高13 ㎝，长16 ㎝，宽12 ㎝。

是2018年创作的作品。作品设计主要以广西铜鼓为造型元素，组合与实用、美观性相结合，茶具由茶壶、茶杯两大部分组成。茶壶与茶杯纹饰选用铜鼓与壮锦图案结合，茶壶镂空设计，作品主要表现铜鼓整体器型与纹饰相结合，是一款集实用、欣赏功能于一体的具有广西地域民族文化的茶文化器具，表现了广西铜鼓纹饰之美。

2018厦门第十九届"百花杯"中国工艺美术精品奖，作品"鼓声之魂"荣获金奖。

2018广西文化创意产品设计大赛，作品获得铜奖。

此作品已获得外观设计专利证书。

〈铜鼓系列之六〉· 鼓声鼓舞

尺寸：高22 cm，长14 cm，宽14 cm。

是2019年创作的作品，作品设计主要以手鼓为造型元素，组合与实用、美观性相结合，茶具由茶壶、壶托、茶罐、茶盘四大部分组成。茶盖和壶把都刻填铜鼓纹饰，茶罐盘外围雕刻铜鼓纹饰。作品主要表现整体器型与纹饰相结合，是一款集实用、欣赏功能于一体的茶文化器具，手法表现了广西铜鼓纹饰之美。

2019第54届全国工艺品交易会上，作品荣获"金凤凰" 创新产品设计大奖赛金奖。

2020年"鼓声鼓舞" 获评为广西工艺美术优秀作品。

此作品已获得外观设计专利证书。

〈铜鼓系列之七〉· 凤鸣鼓声

尺寸：高16 cm，长16 cm，宽8 cm。

是2019年创作的作品。作品设计主要以广西铜鼓为造型元素，茶具由茶壶、茶杯两大部分组成。茶壶纹饰选用铜鼓图案和神凤图腾造型，绣球壶钮采用传统银饰，壶把采用紫檀木精制。整套作品由一壶六杯组成，其中杯子亦采用铜鼓纹饰，任意两个杯子可以组成一面铜鼓，是一款集实用、欣赏功能于一体的具有广西地域民族文化的茶文化器具，烧制之火、泡茶之水，加上作品的陶土、银器、原木材质，体现了五行相融的文化。

2019年武汉第二十届"百花杯"中国工艺美术精品奖，作品获银奖。

2020年深圳"金凤凰"工艺品创新设计大赛，作品荣获金奖。

此作品已获得外观设计专利证书。

〈铜鼓系列之八〉·蛙鼓齐鸣

尺寸：高25cm，长15cm，宽13cm。

是2019年创作的作品。作品以广西钦州坭兴陶和银器相结合，设计主要以广西铜鼓和花山岩画为元素，组合与实用、美观性相结合，茶具由茶壶、茶杯、茶叶罐、银制茶盘组成。茶壶用铜鼓与花山岩画图案结合装饰，银质茶盘可作为实用盛水茶盘和茶杯收纳器，是一款集实用、欣赏功能于一体的具有广西地域民族文化的茶文化器具，表现了陶器和银器结合的艺术。

2019年武汉第二十届"百花杯"中国工艺美术精品奖，作品荣获金奖。

此作品已获得外观设计专利证书。

〈铜鼓系列之九〉· 鼓舞

尺寸：高18 cm，长15 cm，宽13 cm。

是2020年创作的作品。作品以广西铜鼓造型为设计元素。茶壶大胆地运用了铜鼓造型，提梁采用紫铜制作，表面篆刻有铜鼓纹饰。提梁与壶身两种材质互补融合，形成完整铜鼓造型，是一款集实用、欣赏功能于一体的具有广西地域民族文化的茶文化器具，表现了广西铜鼓纹饰之美。

2020年11月第九届"大地杯"中国陶瓷创新与设计大赛，作品荣获金奖。

此作品已获得外观设计专利证书。

〈铜鼓系列之十 〉·鼓声悠远

尺寸：高20 cm，长16 cm，宽13 cm。

创作时间2020年。设计主要以广西铜鼓为造型元素，高鼓花樽为原型。茶具由茶壶、茶罐、茶盘三部分组成，壶身提梁采用隐形设计，壶盖刻铜鼓纹饰，茶罐外围刻填花山壁画与铜鼓纹饰，主要表现铜鼓整体器型与纹饰相结合，是一款集实用、欣赏功能于一体的具有广西地域民族文化的茶文化器具，表现了广西铜鼓文化悠远留传。

2021年第56届全国工艺品交易会上，作品荣获"金凤凰"创新产品设计大赛金奖。

此作品已获得外观设计专利证书。

〈铜鼓系列之十一 〉·蛙鸣鼓声

尺寸：高16 cm，长16 cm，宽14 cm。

创作时间2020年，作品设计主要采用广西铜鼓造型与鼓蛙元素，组合与实用、美观性相结合，茶具由茶壶、茶托、茶盘、三大部分组成。茶壶五蛙前后呼应，蛙形各异，栩栩如生，茶壶盖及杯子、茶托刻铜鼓纹饰相结合，是一款集实用、欣赏功能于一体的具有广西地域民族文化的茶文化器具。

2021年8月第十届"大地杯"中国陶瓷创新与设计大赛，作品荣获金奖。

此作品已获得外观设计专利证书。

（二）八桂系列作品

八桂系列作品是继铜鼓系列作品之后开发创作的一个新的以广西地域文化为主题的系列作品。黄剑在坭兴陶的创作道路上寻求载体设计上的突破，弥补了在坭兴陶创作过程中所缺少的元素与题材。通过八桂系列作品展示广西的人文风土情怀，把广西的优秀民族文化通过作品传递出去。作品无论是在设计以及材料应用方面，还是在工艺创新等方面，都有了新的突破。此系列作品是这几年的主要创作方向。

〈八桂系列之一〉· 一鹭祥和

尺寸：高19 cm，长18 cm，宽14 cm。

是2019年创作的作品，作品设计以广西铜鼓纹饰翔鹭与壮锦为题材。茶壶纹饰选用壮锦纹饰填泥工艺表现，提梁把采用翔鹭造型设计，壶身绣球采用银质制作支撑提梁把，设计巧妙，与壶身提梁融为一整体，是一款集实用、欣赏功能于一体的具有广西地域民族文化的茶文化器具，烧制之火、泡茶之水，加上作品的陶土、银器、原木材质，体现了五行相融的文化，表现了广西壮锦纹饰之美。

2020第55届全国工艺品交易会"金凤凰"创新产品设计大奖赛上，"一鹭祥和"荣获金奖。

此作品已获得外观设计专利证书。

〈八桂系列之二〉· 锦绣〈套壶〉

尺寸：高 20 cm，长 15 cm，宽 13 cm。

是2016年创作的作品。作品采用广西钦州坭兴陶最具代表性的紫泥制作，采用组合设计的形式，集实用性、美观性于一身。该作品由茶壶、茶盘（内置茶杯）、茶罐三大部分组成整套茶具，茶盘中间及壶盖镶填广西壮锦纹饰图案，贯穿器型、线条流畅，端庄大气，契合了现代人返璞归真的审美时尚。

2016年青岛"百花杯"中国工艺美术精品奖，"锦绣"作品荣获银奖。

2019年"锦绣"在首届"百鹤杯"工艺美术设计创新大赛中荣获百鹤金鼎奖（中国工艺美术最高奖）。

此作品已获得外观设计专利证书。

（三）锦绣系列作品

锦绣系列作品是近年来开发设计的以广西绣球为主题元素的系列作品。通过广西绣球元素，挖掘绣球文化。以此作为主题创作系列作品。黄剑在坭兴陶的创作道路上寻求更多的素材上的突破，弥补了在坭兴陶创作过程中所缺少的元素与题材，通过锦绣系列作品更好地展示广西的绣球文化，作品无论是在造型设计以及功能性方面，还是在实用性上都得到体现。在材料应用、工艺创新等方面，都有了新的突破。此系列作品是近几年的创作主题。

〈锦绣系列之一〉· 锦绣八桂〈套壶〉

尺寸：高14cm，长15cm，宽12cm。是2017年创作的作品。作品设计主要以广西绣球为造型元素，由茶壶、茶杯、茶盘三大部分组成。茶具分上下两部分，上部为茶壶，下部为茶盘，内有四只杯子，组合起来为绣球造型。壶身刻绣球纹饰，是一款体现八桂民族文化的茶器具。

2018年第53届全国工艺品交易会上，"锦绣八桂"荣获"金凤凰"创新产品设计大奖赛金奖。

此作品已获得外观设计专利证书。

〈锦绣系列之二〉· 锦绣前程〈套壶〉

尺寸：高20 cm，长16 cm，宽14 cm。

是2021年创作的作品。作品设计主要以广西绣球为造型元素，壶身装饰有绣球纹饰，提梁采用银饰，体现了材料与设计上的创新。壶身上的五蛙图腾与绣球的结合表达出壮族文化在茶文化上的应用，是一款具有代表八桂民族文化的茶器具。

此作品已获得外观设计专利证书。

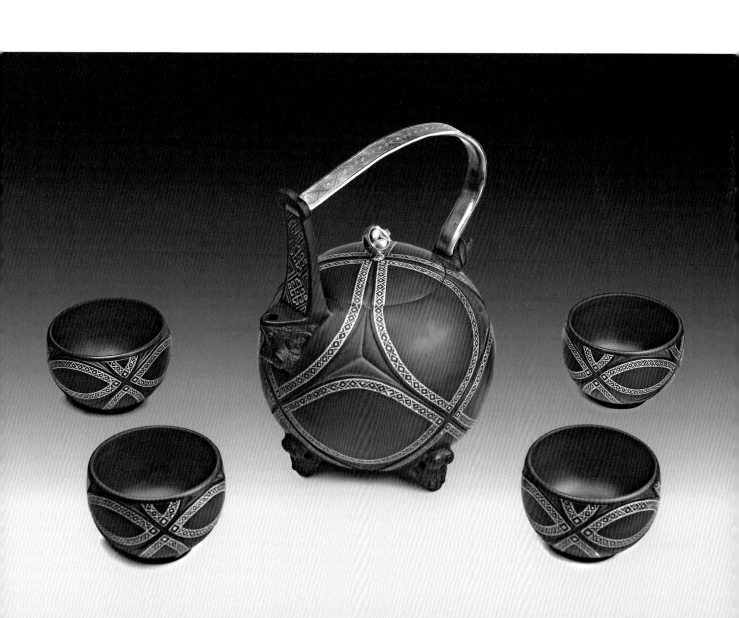

（四）花山系列作品

花山系列作品以广西崇左花山岩画为主题，是近年来开发设计的以花山为元素主题的系列作品。通过花山岩画创作，挖掘花山文化，了解岩画与中国南方壮族先民骆越人生动而丰富的社会生活融合在一起所显示的独特性。花山题材在产品创作设计上的运用，也是黄剑在坭兴陶的创作道路上寻求的素材上的突破，通过花山系列作品更好地展示广西的花山文化。作品无论是在造型设计以及功能性上还是在实用性上都有新的突破。在材料应用，工艺创新等方面，都有了新的突破。此系列作品是近这几年的主要创作主题方向。

〈花山系列之一〉·花山魂

尺寸：高12 cm，长14 cm，宽11 cm。

是2018年创作的作品。当时创作两套装饰风格，以不同技法表现作品，设计主要以广西崇左花山岩画为题材，茶壶设计以山为造型，壶把采用岩画人形设计，壶身刻填岩画构图，组合与实用、美观性相结合，主要表现整体器型与花山岩画纹饰相结合，是一款集实用、欣赏功能于一体的茶文化器具。

2019年第54届全国工艺品交易会"金凤凰"创新产品设计大奖赛上，"花山魂"荣获铜奖。

此作品已获得外观设计专利证书。

〈花山系列之二〉·花山印象〈套装〉

尺寸：高22 cm，长18 cm，宽18 cm。

是2021年创作的作品。茶具作品主要以广西崇左花山岩画为设计元素，茶具以山为型，以花山岩画作为装饰。茶具由三大部分组成，分别为茶托、茶壶、茶杯，展现了实用、美观性的结合，是一款集实用、欣赏功能于一体的具有广西地域民族文化的茶文化器具。

此作品已获得外观设计专利证书。

（五）主题创作

主题系列作品是历年来的时代主题创作，结合时代主题，黄剑在坭兴陶的创作道路上寻求各领域、各门类跨界融合的突破口，这也是不断挑战自我的一个过程。作品无论是在设计的器型以及材料应用方面，还是在工艺创新等方面，都有了新的突破。此主题系列作品是跟随时代步伐，与时俱进，结合当下与社会需求的主题创作。

主题系列创作·壮乡情

尺寸：高60 cm，长21 cm，宽21 cm。

是2015年创作的作品，主要以壮乡题材为主题创作，壮乡情运用阴刻阳填、绞泥镶嵌、高浮雕等传统工艺和装饰手法制作刻填完成。该瓶在瓶型设计上利用绞泥镶嵌工艺分割出壮乡女造型，瓶身结合坭兴高浮雕、贴雕、填泥及绞泥多种工艺，多色填泥，画面对比强烈，充分展现壮乡苗寨黄昏景色。

2015年获得钦州市"百年金奖"坭兴陶精品奖金奖。

2017年首届宜兴中国四大名陶展，"壮乡情"荣获银奖。

2018年第八届广西发明创造成果展览交易会上，"壮乡情"获得传统手工创新成果奖。

主题系列创作·起航

尺寸：高40 cm，长45 cm，宽45 cm。

是2017年创作的作品，以广西钦州坭兴陶为载体，运用雕刻、阴刻阳填、绞泥镶嵌等传统工艺和装饰手法制作刻填完成；以 "一带一路" 为主题，通过多色填泥浮雕方式结合丝绸之路经济带和21世纪海上丝绸之路构图，从古到今，从陆地丝绸之路到海上丝绸之路，画面360度展现。

2017年广西工艺美术大师精品创作，作品获金奖。

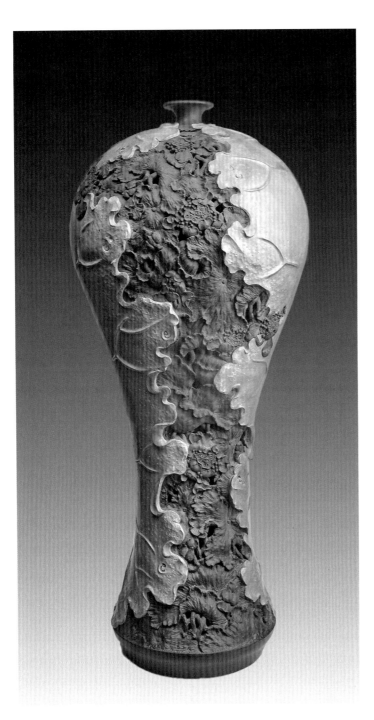

主题系列创作·一屏一梦一世界

尺寸：高60 cm，长23 cm，宽23 cm。
是2018年创作的作品，主要以社会主义核心价值观主题创作。作品以梅瓶为造型，整个梅瓶被一张荷叶包裹着，间隙间对荷田的塑造，描绘出再微小的东西也有属于它的世界，仿若人的一生就像一只遐思无限的万花筒，每一瞬间，每一姿态，每一绽放，都有不一样的精彩纷呈。就像人的一生，在残缺中完美，在破碎里成全，是一种心境。作品表达了一花一草就是整个世界，而整个世界也如一花一草……自然便是最美的，也是自始至终贯穿宇宙的。世间的烦恼皆来自俗人的欲望、占有、自私和控制，摈弃杂念，用真诚的爱来对待自己和身边的一切，生命便能活得如同莲花一样清莹脱俗。

2018年中国陶瓷艺术大展中，"一屏一梦一世界"荣获银奖。

2018年中国四大名陶展上，"一屏一梦一世界"荣获银奖。

2018年广西工艺美术大师精品创作，"一屏一梦一世界"荣获精品奖。

2019年第九届广西发明创造成果展览交易会上，"一屏一梦一世界"获得传统手工创新成果奖。

此作品已获得外观设计专利证书。

主题系列创作·守望

尺寸：高60 cm，长35 cm，宽35 cm。

是2019年创作的作品，主要以残荷为主题创作。作品设计为葫芦造型，利用堆雕手法，以枯荷为题材；塑造仿生残荷形态，守候来年的春天，在万物复苏的季节，重新以朝气蓬勃的姿态呈现于世间，以饱满的热情和坚韧的毅力面对人生，珍惜生命，超越自我。

2020年中国四大名陶展上，"守望"荣获金奖。

2019年广西工艺美术大师精品创作。"守望"获金奖。

此作品已获得外观设计专利证书。

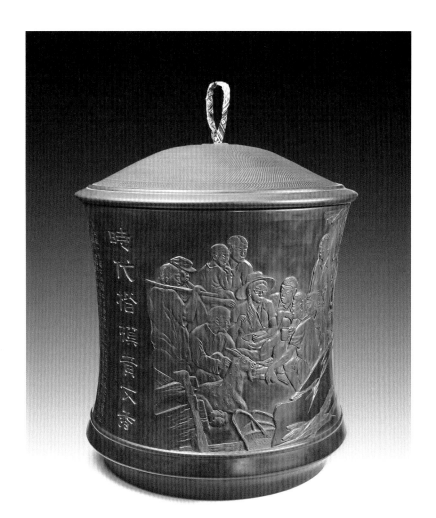

主题系列创作·时代楷模黄文秀·丰收罐

尺寸：高50 cm，长35 cm，宽35 cm。

是2020年创作的作品，主要以脱贫攻坚战为主题创作，以丰收谷仓为造型，通过浅浮雕的形式刻画了黄文秀和乡亲们一起商讨脱贫工作的画面。罐身刻有黄文秀生前的先进事迹，以使黄文秀同志的扶贫事迹在神州大地"经典咏流传"。

2020年广西工艺美术大师精品创作，"时代楷模黄文秀·丰收罐"作品获金奖。

2020年"时代楷模黄文秀·丰收罐"被评为广西工艺美术优秀作品。

主题系列创作 · 一壶一世界

尺寸：高20 ㎝，长15 ㎝，宽12 ㎝。
是2020年创作的作品 ，主要以荷花
为主题创作。茶壶设计以梅瓶为造
型，套壶由茶壶、茶罐、茶杯（两
个）、公道杯五部分组成，是一款
集实用、欣赏功能于一体的茶文化
器具。

2021年中匠杯工艺美术优秀作品大
赛中荣获银奖。

此作品已获得外观设计专利证书。

主题系列创作·百年追梦

尺寸：高23 cm，长20 cm，宽7 cm。

是2021年创作的作品。作品以建党100周年为主题进行创作。装饰刻绘建党红船和民族大团结图案。通过"百年追梦"作品庆祝中国共产党成立一百周年取得的伟大成就，同时在下个百年实现中华民族伟大复兴的梦想。

2021年8月第十届"大地杯"中国陶瓷创新与设计大赛上作品"百年追梦"荣获银奖。

钦州坭器

第七章 方志与文献

一、《广西通志》关于坭兴陶的记载

广西壮族自治区地方志编纂委员会编撰的《广西通志·二轻工业志》记述："隋、唐、五代十国时期，广西地区手工业有了进一步发展……这时期的瓷器制造业相当发达，钦州、桂平、灌阳出产的陶瓷器都相当有名。"

二、《广东省志》关于坭兴陶的记载

《广东省志》写道："唐，广东出产的瓷器和丝绸，通过海上丝绸之路，大量输往东南亚和中东等地。广州西村皇帝岗、佛山石湾、钦县紫砂窑均有名。"

三、民国《钦县县志》陶瓷篇

民国《钦县县志》关于坭兴陶的记载：

我钦陶器，谅发明于唐以前，至唐而益精致。考民九年，城东七十里平心村农于山麓发现逍遥大冢，内藏宁道务陶碑一方，为高四尺余之巨制，旁附藏陶壶一个，此碑刻有唐开元二十年字样，迄今民三十四年，已历一千二百一十四年，可知我钦陶器历史，由来已久。

宋天圣元年（一〇二三），徐的议由南宾砦迁州城于近海白沙之东，即今钦城，以筑城之砖，长一尺，大六寸，厚四寸，人工与火力，制烧两难，而钦竟有此特色，传之今兹，自天圣元年至民三十四年已历九百二十三年，足见我钦陶业之专长，自昔已然。

钦有宜兴各器之由来，始于咸丰间，胡老六创制吸烟小泥器，精良远胜于苏省之宜兴，由此得名。厥后潘允兴、尤醉芳、郑金声，相继而出，研究日精一日，又于吸烟器外，发明制茶壶、花瓶各物，茶壶载茶，一年不变茶味，花瓶贮水，插桃李花枝，不久即结子出薑，有此效验，宜兴器日益著名，遂于同光间，在鱼寮横街成一宜兴巷。

其始宜兴制器，初出尚粗，后再讲究磨工，日渐精美，其始宜兴用手工制造，后改用车工，日见进步。

我钦有宜兴特产关乎泥，泥质太硬不得，太软不得，硬则烧而拆裂，软则烧而堕下，惟硬软泥相配合，制成器附烧，不裂不堕，无虞苦窳之患。

泥之硬软，分乎东西，东泥产双角岭，龙拱塘，其质软，西泥产大坪，其质硬，挖取东泥西泥回后，软六硬四混合，用大缸装载，加水搅融，澄过数次，滤过数次，专取精液，倾入最密布袋，用绳缠住袋口，上用干爽阶砖，压在袋面，吸收水份，俟泥不湿不干时，由布袋取出堆积瓷土一团候用。

将瓷土团（或为"抟"字）埴成器，趁此泥润，绘画花草，易于雕刻，初所雕深痕，外面未得平滑，其后悟出妙法，红泥之器雕痕填白泥，白泥之器雕痕填红泥，亦（或为"宜"字）趁泥润时易于融洽，于是烧出后，有红器白花，白器红花之雅观，其面尤最平滑，如点苍山石，内自含有山水花卉之一般。

宜兴器烧工，其窑不能自为之，一定要附缸瓦大窑，因烧法有两种，一种稳当办法，是用纯火，烧十得十，无坏坯，其法将宜兴器交缸窑装入新制大缸内，上加盖密，与大缸同烧，宜兴器在内，不直接明火，但烧出只得原色，无变异彩，一种听彩数办法，是用明火，不免有歪有裂，烧得成数不一定，其法将宜兴器交缸窑装入新制大缸内，顶上不盖密，留各宜兴得直接火力，有变窑之异彩，听其自然，或变古铜，或变深浅蓝，或变黑白及各五彩奇异之色，异色器比原色器价稍异，其高低亦视器物而定。

烧成取回，择不歪不裂者，加以磨工，先磨粗皮，后磨滑面，又再加以最精细之磨工，谓之光，光者明亮如镜，普通物品，只光一次，施以蜂蜡，用火熏烘，括净出售，贵重物品，再加幼光，名为双光，不施以蜡，其光耐久，价值稍昂。

宜兴器多种，文房用具，如大小笔筒，及四方长方椭圆各水池之类；餐室用具，如大小碗杯碟之类；客厅用具，如各样茶壶茶杯痰盂檀香炉大小花屏（或为"瓶"字）之类；祠庙用具，如大小香炉香案之类；花园用具，如大小方圆六角花盆及条盆之类。上开各物，更有旧式新式洋式博古式之别。

清光绪间，钦之有宜兴，已驰名于各省，再付（或为"赴"字）去上海巴拿马各展览会比赛，均获优等奖章，硇街帮长吴仕华，采办各宜兴器回硇街陈列发售，法人多欣赏而喜购，自钦前设道署后，官员往来较多，无不购宜兴器带回外省，或送人，或自用，最爱购者，州牧郑荣，常向黎家园仁义斋二处定制，光顾宜兴，在官场中，以郑为最多。

光宣间，六榕寺僧铁禅，托凌志鹏向钦宜兴店定制三尺余高之大花瓶一对，凌转函托陈德周，代向仁义斋如式制造，宣统元年秋间，陈将此大花屏（或为"瓶"字），托友人林某附兵轮带省转交铁禅，陈列于六榕寺内。

黎家尚自存四方形古瓶一个，一面雕有林兆梅画采菊图，一面雕有题陶渊明菊诗，后署戊戌年造，距民三十五年丙戌，已历四十九载。

自民二八年（一九三九），日寇犯钦，宜兴各店，物品器用，均被摧残殆尽，遍查各人，俱难复业，所望有志者，早日提倡，恢复宜兴特产，以绵渊源于一线。

宜兴以外，又有各种陶器，溯自清光绪三十年（一九〇四）后，有资本家集资开设碗厂黄屋屯墟边，购安铺泥制碗，以颜某经理其事，编者陈某在前调查实业时经过，已入斯厂考察一次，惜斯厂只办得二年停业。

民二十年后，查有久隆附近丹竹江缸瓦厂，那香墟边碗厂，照旧开设，惟缸瓦窑历史多年者，尤以水东乡缸瓦窑为最，自咸同来，开设宜兴，多附斯窑代烧。

四、台湾版《钦县志》关于坭兴陶的记载

由台北广东钦廉同乡会铜鱼文教发展基金会印行，于1990年出版。内有记载："清光绪二十九年，李象辰来钦做官，曾由官家开设坭兴习艺所，每件坭兴陶产品的底部印有'钦州官窑'小方印。"

参考文献

[1] 金立言.粗泥细致话宜陶[J].嘉德通讯,2013(5):122-155.

[2] 政协钦州市钦南区委员会文教体卫文史委员会.钦南文史:第八辑[M].
钦州:[出版者不详], 2013.

[3] 陈公佩,曾传仁,孔繁枝,等.钦县县志[M].[出版地不详]:[出版者不详],1946.

[4] 海上丝绸之路示意图[N].人民日报,1985(10).

[5] 钦州市教育志编纂委员会.钦州市教育志[M].南宁:广西人民出版社,2000.

[6] 广西钦州市政协文史资料委员会.钦州文史——香港回归与钦州发展[M].
[出版地不详]:[出版者不详],2000.

[7] 韦仁义.广西出土陶瓷综述[J].广西文物,1987(1):107.

[8] 倾雨,宣之茗.齐白石在钦州[M].南宁:广西人民出版社,2011.

[9] 李荣梓,庞醉春.钦州市志[M].南宁:广西人民出版社,2000.

[10] 黄启善,广西博物馆古陶瓷精粹[M].北京:文物出版社,2002.

[11] 台北广东钦廉同乡会铜鱼文教发展基金会.钦县志[M].台北:[出版者不
详],1990.

[12] 周开日.钦州市年鉴[M].沈阳:辽宁教育出版社,1992.

[13] 周开日,曾宪通.可爱的钦州[M].沈阳:辽宁教育出版社,1991.

[14] 赵国琳.中国坭兴陶钦州官窑[M].南宁:广西美术出版社,2014.

[15] 丁艺.红陶春秋[M].南宁:广西科学技术出版社,2008.